유쾌한 과학 수업

유쾌한 과학 수업

초판 1쇄 발행일 2016년 1월 15일
초판 2쇄 발행일 2018년 7월 13일

지은이 한재영, 강훈식, 김용진, 박영신, 손정우
　　　임성민, 정정인, 차정호, 홍준의

펴낸이 이원중

펴낸곳 지성사 **출판등록일** 1993년 12월 9일 **등록번호** 제10-916호
주소 (03458) 서울시 은평구 진흥로68(녹번동) 정안빌딩 2층(북측)
전화 (02) 335-5494 **팩스** (02) 335-5496
홈페이지 지성사. 한국 | www.jisungsa.co.kr **이메일** jisungsa@hanmail.net

© 한재영·강훈식·김용진·박영신·손정우·임성민·정정인·차정호·홍준의, 2016

ISBN 978-89-7889-311-4 (93400)

이 도서의 국립중앙도서관 출판예정도서목록(CIP)은 서지정보유통지원시스템 홈페이지
(http://seoji.nl.go.kr)와 국가자료공동목록시스템(http://www.nl.go.kr/kolisnet)에서
이용하실 수 있습니다. (CIP제어번호: CIP2015035897)

과학 교사를 위한
기발하고 재미있는 유머 학습법

유쾌한 과학 수업

학생이 웃어야 과학이 즐겁다!

한재영, 강훈식, 김용진, 박영신, 손정우
임성민, 정정인, 차정호, 홍준의 | **지음**

 지성사

차례

이 글을 읽지 않고 바로 단원별 유머를 살펴봐도 좋다. 하지만 책을 읽을 때 하나라도 빠뜨리면 뭔가 허전하다고 생각하는 사람들을 위하여 나름대로 적어 보았다.

학교에 가기 싫은 사람? 학교에 가는 게 좋은 사람? 이 하나의 질문으로도 교사의 만족도를 잘 평가할 수 있다고 들은 것 같다. 처리해야 할 학교 업무가 늘어날수록 교사는 스트레스를 많이 받아 힘들어한다. 교사가 학교에 가기 싫어하는 정도가 100이라면, 학생이 학교에 가기 싫어하는 정도는 100^{100}은 될까. 하지만 둘 다 학교에 안 가면 안 된다. 어차피 가야 할 학교, 피할 수 없는 공부라면 재미있게 해 보면 어떨까. 학생들에게 아무리 왕따를 당한다 해도 교사는 학교에 가야지.

교통법규를 위반하여 면허가 취소되었을 때 다시 면허시험을 치르기 전 거쳐야 하는 교육을 받은 적이 있는가? 나(한재영)는 한 번 받아 보았는데, 얼마나 받기 싫던지……. 미국 샌프란시스코에서 교통법규 교육에 코미디언을 강사로 뽑아 수업을 하게 했는데, 수강생 가운데 한 사람이 교통법규를 또 위반해서라도 다시 교육을 받고 싶다고 했단다. 이렇듯 자신이 가르친 졸업생에게 "다시 중·고등학생으로 돌아가 선생님 수업을 또 듣고 싶어요"라는 말을 들을 수만 있다면 벌써부터 힘이 나지 않을까.

유머도 공부하고 노력해야 한다. 영어 듣기를 잘하려면 2만 시간 집중해서 들어야 비로소 귀가 열린다는데, 유머는 반 잘라서 1만 시간만 하면 되지 않을까? 매일 1시간씩 투자하면 1년에 365시간, 10년이면 3650시간, 1만 시간을 하려면 대략 30년! 헉, 포기해야겠다. 나까지 유머리스트가 되면 개그맨 되려는 사람들 경쟁률이 높아지고 취업률은 낮아질 테니까.

하지만 시작은 반이다. 전문 개그맨이 아니라 아마추어 유머리스트가 되려고 시작을 하자. 이 책으로 시작하는 걸 두 번 하면 반반 해서 다 읽게 될

터. 오래전에 일본어 공부를 시작했다가 한 달 하고 그만두었다. 한참 후 다시 시작하여 한 달 하고, 또 한 번 한 달을 더 공부했지만, 일본어를 잘 못한다. 그 대신 일본 디즈니랜드에 놀러 갔다 모자가 날아가 버려 일본인 직원한테 찾아 달라고 했을 때, 모자 색이 뭐냐고 "돈나 이로데스까?(どんな 色ですか?)"라고 하는데 이로가 색이라는 것만 알아듣고 "옐로(yellow)"라고 답한 것이 머릿속에 또렷이 남아 있다. 즉, 내가 직접 써먹은 것만 잊히지 않는다는 것이다. 한 번 보고 들은 유머는 하루 지나면 50퍼센트는 잊을 거다. 물론 학생들이 과학을 배우고 잊는 것보다는 오래 남겠지. 유머 역시 계속 써야 자기 것이 된다.

유머는 창의성과 많이 관련된 분야다. 이 책을 구성하는 과정은 유머와 중학교 과학 교과 내용을 창의적으로 연결하는 유희였다. 나 자신이 유머치인데, 그걸 벗어나기 위한 노력이다. 나를 조금이라도 아는 사람은 내가 유머를 한다고 하면 아마도 온몸이 오그라들 거다. 잘 못하니까 이렇게라도 해 보는 것. 자신이 유머치라고 생각하는 교사들이여, 자신감을 가져라. 음치도 자신감을 가지고 제일 쉬운 노래부터 18번 삼아 부르면 나아진다는데, 유머치 역시 몇 개라도 자신만의 유머로 갈고 닦으면 고칠 수 있지 않을까.

이 책을 읽는 교사들에게 작고 길쭉한 과일을 하나씩 주겠다. 잣이다. "이게 잣인감(자신감)?" 이렇게 하라는 거다. 교실에 들어갈 때 잣을 하나씩 가지고 들어가 자신감 있게 하는 게 중요하다. 자신감이나 자존감은 참 맛있는 감이다(이런 썰렁 유머도 자신감 있게!). 자신감을 가진 교사가 가장 멋진 교사가 아닐까. 자신이 가르칠 내용과 가르치는 방법에 대해 자신감을 가지려는 교사, 유머에 자신감을 가지려고 노력하는 교사.

한 시간 수업을 만들어 가는 것은 교사의 몫이다. 학습지도안이나 자료는 널려 있다. 그런 자료를 자신의 수업으로 엮어 내는 것은 다른 사람이 해 줄 수 없는 일이다. 마찬가지로 유머 자료는 시간과 노력을 기울여서 찾아야 한다. 썰렁한 유머라도 없는 것보다 낫다.

유머는 연습을 해야 한다. 보통 과학 교사는 여러 학급을 가르친다. 한 반에서 해 보고 실패한 것은 왜 그랬는지 반성해 보고, 다른 반에서도 또 해 보고. 연습을 하다 보면 조금씩 늘 것이다. 그렇게 유머를 모으고, 언제 어떻게 했을 때 학생들이 어떤 반응을 보였는지 교과서나 지도안 귀퉁이에 적어 두는 건 누구에게 들켜도 부끄러운 일이 아니다.

유머를 통해 모든 학생을 웃겨 보겠다고는 마음먹지 않는 게 좋다. 교사는 당연히 그렇게 못한다. 만약 모든 교사가 그렇게 한다면 학생들은 TV를 안 볼 테고, 개그맨은 실업자가 될 테지……. 하지만 학생들은 냉정하다. "개드립 치지 마셈"(썰렁한 말장난 하지 마세요), "노잼!"(재미없음)을 외치며 웬만해서는 잘 안 웃는다. 그럴 땐 안 웃겨도 웃긴 척해 주는 학생이 사회에 나가 성공할 것이라 말해 준다.

『유머 교수법』이라는 책도 있지만, 난 유머에 '교수법'을 연결하고 싶지는 않다. 이런저런 교수법이 너무나도 많다. 협동학습, 순환학습, 토론학습, POE(예측·관찰·설명) 등등. 그런 새로운 교수법을 도입해서 교사와 학생이 모두 그것에 익숙해지고 학습 효과가 나타나려면 몇 번의 수업만으로는 절대 되지 않는다. 최소한 한 달, 아니 두세 달이나 1학기는 해 봐야 겨우 익숙해질 것이다. 왜냐하면 교사나 학생 모두 전통적인 강의식 수업에 너무나 몇(십) 년씩 익숙해져 있기 때문이다. 수업 시간에 유머를 사용하는 것은 어떤 특정한 교수법이라기보다 모든 수업에 필수적으로 포함해야 할 요소가 아닌가 싶다.

이 책은 2009 개정 중학교 교육과정의 내용과 관련된 유머를 모은 것으로, 중학교 교사가 수업 시간에 활용할 수 있을 만한 수준과 내용의 유머를 만들어 보려고 노력했다. 즉, 성적인 유머나 특정 종교에 관련된 유머, 전문 지식이 필요한 유머, 학생들에게 들려 주기 어렵거나 학생들이 듣기에 거북 한 유머 등은 되도록 피했다.

유머가 있는 수업 자료, 파워포인트나 프레지 등을 만들 때는 인터넷을 검색해 웃긴 그림이나 만화, 동영상 클립 등을 넣는 것이 좋다. 물론 이러한 것들은 저작권이 있으니 조심해야 한다. 수업 시간에 학생들에게 보여 주는 것은 되지만, 인쇄물에 넣거나 인터넷에 올리거나 하면 매우 곤란해질 수 있다. 물론 이 책 내용은 수업에서(수업에서만!) 마음대로 써도 된다.

과학이란?

이 단원은 중학교 과학의 도입 단원으로, 교사는 초등학교를 갓 졸업한 학생들이 과학에 흥미와 관심을 가지도록 지도한다. 또한 우리 생활과 밀접하게 관련된 과학의 예를 제시하면서 과학의 유용성을 살펴보고, 과학과 관련된 직업의 종류를 조사하여 소개하기도 한다.

초등학교를 졸업하고 중학교에 입학한 학생들이 배우는 과학 첫 시간. 첫 시간부터 과학은 이런 것이라고 열변을 토하는 것보다 과학 교사로서 자신을 소개하는 시간을 가져 보자. 과학 첫 수업이나 처음 만나는 모임에서 자기소개를 어떻게 하면 좋을까.

나는 처음 카카오톡에 이렇게 나를 소개했다. '충북대학교 화학교육과에서 네 손가락 안에 드는 교수.' 최근에는 이렇게 바꾸었다. '충북대학교 화학교육과에서 두 번째로 나이가 많은 원로 교수.' 충북대학교 화학교육과 교수는 모두 네 명이고, 내가 세 번째로 젊다. 이것을 각자 응용해 보자.

이 책의 목적은 독자가 스스로 재미있는 과학 교사가 되도록 돕는 데 있다. 그러려면 연습을 해야 한다. 잠깐 고개를 들어 다른 곳을 보면서 자신을 재미있게 소개할 수 있는 말을 생각해서 종이에 적어 보자.

"나는 명랑중학교에서 세 손가락 안에 드는 과학 샘이에요."

"나는 과학 교사 ○○○입니다. 과학을 가르치는 것 빼고는 다 잘하지요"
와 같은 모순어법을 활용해서 소개할 수도 있다. "나는 과학 교사예요. 연구
와 교육과 봉사 빼고는 다 잘합니다." 아니면 다음과 같이 몇 가지 소개말을
준비해 놓는 것도 좋다.

"안녕하세요? 나는 과학 샘 △△△입니다. 내가 이 학교에서 지금 하는 일은
(몇 초 뜸을 들이면서 학생들을 쓱 둘러보며) 첫 시간에 자기소개를 하고 있죠."
"나는 과학 샘인데, 몇 살로 보여요? (학생들의 반응을 보면서) 아니, 여러분과
같은 열네 살이에요. 나머지 나이는 교실 저 문 밖에 걸어 놓았거든요."

어느 자리든 첫인상이 가장 중요하다. 학기 초부터 학생들을 휘어잡아 무
서운 교사의 이미지를 심어 주지 않을 생각이라면 되도록 부드럽게 말해 보
면 어떨까.

"나는 부드러운 사람이에요. (칠판에 '부드러운'을 적는다) 하지만 여러분이 어떻
게 하는가에 따라 ('부드러운'에서 부를 지우면서) 드러운 사람이 되기도 해요."

이제 과학 교사인 자신을 소개했으니 과학을 소개할 차례다.

"과학이란 무엇일까요? 과학은 침대죠! 침대는 가구가 아니니까……."

이렇게 우리 귀에 익숙한 광고 문구를 활용해서 시작해 보자. 과학은 우리 생활과 밀접하게 관련되어 있다. 편안하고 건강을 고려한 침대를 만들려면 어떤 과학을 알아야 하는지 학생들에게 생각해 보자고 말한다. 이왕 침대는 과학이라는 말이 나왔으니……. 수업 분위기가 자리 잡으면 침대에서 자기 전에 무엇을 하는 게 좋은지 질문을 해 보자. 또래보다 (육체적, 정신적으로) 성숙한 학생은 야유를 보낼 수도 있다.

편안하게 잠자리에 누워 하루 동안 고마웠던 일이나 뿌듯한 일 다섯 가지를 떠올리면서 기분 좋게 웃어 보자. 웃음은 행복한 잠자리를 보장하는 과학이며, 이보다 더 좋은 잠자리는 없다. 아무리 좋은 침대나 푹신한 베개를 베고 잠자리에 든다 해도 짜증을 내며 화난 채로 잠을 잔다면 푹 잘 수가 없다. 즐겁고 행복한 일을 떠올리며 소리 내어 웃고 또 꿈속에서도 웃을 수 있으면 그야말로 최고의 잠자리다.

중학교에서 과학을 가르치는 것은 학생들에게 미래 시민으로서 과학적인 소양을 갖추도록 하는 목적뿐 아니라 미래의 과학자를 양성하는 목적도 있다. 과학자는 과학을 탐구하는 사람으로서 연구하는 대상에 따라 물리학자, 화학자, 생명 과학자, 대기 과학자, 지질학자, 해양학자, 천문학자 등으로 구분할 수 있다. 과학을 순수과학과 응용과학으로 구분한다면 이들은 순수과학자에 해당하고, 응용과학자에는 건축 공학자, 화학 공학자, 토목 공학자, 의사, 간호사, 약사 등이 해당한다.

과학자를 이렇게 단순히 나열하는 것보다 학생들에게 '과학자' 하면 제일 먼저 머릿속에 떠오르는 사람이 누구인지 질문해 보자. 에디슨, 장영실, 아인슈타인, 퀴리 부인……. 누구나 알 만큼 유명한 과학자들과 관련한 일화를 들려준다면 학생들이 과학에 좀 더 호기심을 가지지 않을까.

예로, 아인슈타인은 매우 똑똑할 것이라 생각하는 학생이 많을 것이다. 그렇다면 아인슈타인과 관련한 일화를 소개한다.

어느 날 아인슈타인이 기차에서 표를 잃어버려 이리저리 찾아 돌아다니며 이렇게 중얼거렸다.

"표를 봐야 어디에서 내릴지 아는데……."

누구나 나이가 들고 머리가 하얗게 세면 건망증이 심해진다는데, 아인슈타인도 예외는 아니었다. 아인슈타인은 많은 대학에서 강의를 했고, 그 강의를 수없이 들어서 외울 정도가 된 운전기사가 아인슈타인과 옷을 바꿔 입고 대신 강의를 한 적도 있단다. 그런데 강의 도중 어떤 학생이 꽤 어려운 질문을 했다. 자, 여러분이 아인슈타인의 운전기사였다면 어떻게 대답할 것인가? 운전기사는 그 학생을 바라보며 이렇게 말했다.

"그 정도 수준의 질문은 제 운전기사도 답변할 수 있습니다. (진짜 아인슈타인을 바라보며) 어이, 운전기사 양반, 설명 좀 부탁하네."

이 이야기는 유명해서 아는 학생도 있을 것이다.

과학과 관련한 직업은 엄청 많다. 자동차 디자이너, 프로그래머, 요리사, 수의사, 금융업 종사자, 기관사, 조종사, 영화 제작자, 과학 저술가, 예술가, 건축가, 예술품 복원가, 과학 수사대원, 우주 비행사 등등.

과학자나 과학과 관련한 직업을 조사하고 발표하게 한 다음, 학생들에게 자신이 만약 과학과 관련한 직업을 가진다면 가장 하고 싶은 일을 하나 정하게 하고, 출석을 부를 때 대답 대신 그 일을 말하게 할 수도 있다.

모든 학생이 과학과 관련한 직업을 가지지 않더라도 많은 직업에 과학이 관련된다는 점을 알려 주면, 학생 각자가 앞으로의 진로로 과학 분야의 일을 고려하는 계기가 될 것이다. 학생들이 과학과 관련한 분야나 일을 말하면 출석부 이름 옆에 적어 놓는다. 그리고 그다음 시간에 학생 이름 대신 불러 보는 것도 좋다. 예로, 스마트폰 기술자가 되고 싶다는 '나일락' 학생은 '나 스마트폰 기술자!'라고 부른다.

아무리 재미있는 과학 시간이라도 꾸벅꾸벅 졸거나 아예 책상에 엎드려서 잠을 자는 학생이 있다. 수업 시간에 잔다고 소리를 지르며 야단쳐서 깨우는 것보다 과학 이론과 낮잠을 재미있게 연결해 반 친구들이 웃는 소리에 깨어나도록 하면 어떨까.

- 다윈의 잠 진화 원리 - 초등학생과 중학생, 고등학생으로 올라갈수록 수업 시간에 선생님께 들키지 않고 잠자는 능력이 진화한다.
- 아인슈타인의 잠 상대성 원리 - 잠잘 때는 시간이 더 빨리 간다.

- 갈릴레이의 동시 종 원리(동시 낙하 원리) – 잠을 자거나 깨어 있거나 끝나는 시간은 똑같다.

수업 시간에 자다 깨어났을 때 보면 그 학생 성격이 드러난다. 아주 조신해 보이던 여학생이 자다 깨면서 마구 소리를 지를 수도 있고, 아주 듬직하던 남학생이 자다 일어나면서 어리광을 부릴 수도 있다.

유대인은 유머를 좋아한다고 한다. 그래서인지 이스라엘에서는 영재교육에 유머를 따로 가르치기도 한다. 유대인인 아인슈타인은 살아생전 유머가 있어 지금의 자신이 존재한다고 말하기도 했다.

과학자나 과학 교사가 되기 위해 유머를 잘할 필요는 없지만, 유머를 잘하는 과학자나 과학 교사는 그렇지 않은 과학자나 과학 교사보다 더 행복할 것임은 분명하며, 그 행복 바이러스가 많은 이에게 전해진다는 사실을 잊지 말자.

지구계와
지권의 변화

이 단원에서는 지구계의 정의와 지구계를 구성하는 요소를 다룬다. 지구는 하나의 계로, 지구계를 구성하는 여러 권의 상호 작용에 따라 지구계가 유지됨을 아는 것은 지구계와 지구에서 살아가는 생명체가 유지되는 원리를 이해하는 기본적인 과정이다. 특히 지구계의 구성 요소인 지권의 특징을 다루고, 지진이나 화산 활동 등의 변화가 우리 생활에 미치는 영향을 이해하도록 한다.

지구과학은 지구와 지구를 둘러싼 환경이나 행성 간의 공간을 주로 연구하는 학문으로, 수십억 년 단위를 다루는 만큼 시간적·공간적 관점에서 그 규모가 매우 방대하다. 그러므로 지구과학을 연구하는 학자는 물리학자나 화학자에 비해 매우 거시적인 관점으로 사물을 대한다.

이러한 학문적 경향은 때로는 그 사람의 성격이나 성향에 영향을 미치기도 한다. 화학 실험을 하다 보면 0.1그램의 물질을 합성하기 위해 애를 쓰는데, 그러다 보니 화학자는 쪼잔하다는 말도 듣는다. 그에 비해 지구과학자는 태양보다 100배나 무거운 별까지 다루어서인지 성격이 호탕한 사람이 많다. 성격이 시원시원하고 통이 큰 사람은 좋게 말하면 호탕한 사람이고 나쁘게 말하면 허풍쟁이다.

유머와 관련한 인터넷 웹사이트에서 '대륙의……'라는 제목이 붙은 재미있는 사진을 보다 보면, 같은 동아시아권 국가이긴 해도 땅이 방대해서인지 중국인이 한국인이나 일본인보다 생각하는 범위가 확실히 넓은 것 같기는 하다. 지구과학자가 허풍쟁이란 말을 들을 정도로 지구과학에서는 참 긴 시간을 다룬다.

학생들에게 이렇게 질문해 보자.

"여러분은 미래 자신의 모습을 생각해 보았나요? 초등학교 졸업식장에서는 10년 후 이 자리에서 만나자는 약속을 하기도 하지요. 요즘은 자기 자신에게 쓴 편지를 20년이나 30년 후에 배달해 주는 서비스도 있다네요. 100년, 200년 후에 사람들은 어떤 모습으로 살아갈까요? 3000년 후, 3만 년 후 인류의 모습은 어떻게 바뀔까요?"

이처럼 지구과학에 대해 가르치고 배울 때는 큰 범위에서 과장되게 생각하거나 말하는 연습을 해 보자. 이에 대한 연습으로 앞 단원에서처럼 자신을 소개하는 말을 만들어 보자.

"나는 유머를 잘 못해요. 내가 유머를 해서 웃은 사람은 5억 년 만에 당신이 처음이에요."

교사가 자신을 과장하여 소개하는 말을 하면, 학생들은 바로 이어서 더 재미있는 소개말을 궁리할 것이다. 학생들에게 자신을 과장해서 소개하는 말을 발표하게 해 보자.

이 장을 쓰고 있는 저자 또한 지구과학을 전공해서인지 가끔 사물이나 현상을 거시적인 관점에서 해석하려는 경향이 있다. 이런 점은 나의 단점이 될 수도 있지만 어떤 사람은 이런 점을 긍정적으로 보고 칭찬을 아끼지 않는다. 가끔 그 사람이 나에게 "와! 그렇게도 해석할 수 있다니, 좋은데요!"라고 칭찬할 때마다 과장된 칭찬이라는 것을 알면서도 기분이 좋다.

KBS TV의 예능 프로그램 〈대국민 토크쇼 안녕하세요〉에 개그맨 김원효가 출연하여 자신의 콤플렉스가 '턱'이라고 털어놓았다. 그러자 함께 출연한 동료 개그맨 허경환이 "원효야! 나도 턱 내밀어 봤는데, 내가 볼 땐 턱 나온 사람들 중에서 네가 제일 잘생긴 것 같아!"라고 말했다. 허경환은 자신을 낮춰 동료인 김원효를 배려하였고 웃음까지 준 셈이다. 이런 위트는 우리에게 웃음도 주지만 마음을 따뜻하게 한다. 물론 영혼 없는 형식적인 칭찬은 상대방에게 불쾌감을 주지만, 상대를 배려한 따뜻한 칭찬이나 유머는 상대의 마음을 뛰게 할 수 있다.

"2급 조련사는 회초리로 말을 때려서 길들이고, 1급 조련사는 당근과 회초리를 함께 쓰고, 특급 조련사는 당근만 쓴다."

이 말은 S그룹의 L회장이 한 말이다. 좋은 교사는 칭찬만으로도 학생들을 잘 지도할 수 있다는 것과 일맥상통한다. 칭찬은 고래만 춤추게 하는 게 아니라 학생들도 춤추게 한다.

허경환의 칭찬처럼 콤플렉스를 다른 관점에서 생각해 보면 장점이 될 수 있다. 키가 작은 학생에게는 작은 키가 고민이겠지만 기준을 지면이 아닌 하늘의 관점에서 보면 가장 키가 큰 사람이다.

"내 키를 땅에서부터 재면 보잘것없지만 하늘에서부터 재면 세상 누구보다 크다." 누가 한 말일까? 키가 작았던 나폴레옹이 한 말이다.

이렇게 관점을 달리해 생각해 보면 달라지는 것이 매우 많다. 지구에서 가장 높은 산은 에베레스트 산이라고 알고 있다. 그러나 이는 해발고도를 기준으로 한 높이다. 관점을 달리해 지구 중심에서부터 산의 높이를 측정하면 에콰도르 침보라소 산이 지구에서 가장 높다.

시험 문제에 대한 학생들의 답을 보면 참 기발한 경우가 많다.

암석 사진을 보고 암석의 종류를 적는 문제가 있었다. 헉, 어느 녀석이 유방암이라고 쓴 거야? 최불암도 있네. 석굴암도……. 적어도 암석 이름에는 '암'이 붙는다는 것은 잘 알고 있으니 칭찬해 주어야 할까?

종종 암석과 광물 이름을 잔뜩 적어 놓고 학생들에게 분류하라고 하면 정장석, 감람석처럼 끝에 '석'이 붙은 것을 암석이라고 분류해 놓는다. 암석으로 분류한 이유를 물어 보면 돌의 의미인 '석'자가 붙으면 암석일 것 같아서 그랬다고 한다.

"그럼 이름에 '암'이 붙은 것은?"이라고 물어 보면 '석'이 붙은 암석보다 더 큰 암석이라고 한다. 그 이유는 이름에 바위 '암' 자가 붙었기 때문이라고 한다. 제법 그럴듯한 해석이다.

그렇다면 칭찬부터 해 주자. 왜? 칭찬은 고래도 춤추게 하니까. 그다음에 학생들이 추측한 대로 "'석'을 붙인 작은 암석과 '암'을 붙인 큰 암석 중에서 광물 이름을 선택해야 한다면 어느 쪽을 택해야 할까?"라고 질문을 하여 학생들에게 생각할 시간을 주자. 잠시 후 학생들은 광물 이름은 '석'을 붙이는 것을 선택해야 한다고 대답한다. 지난날 우리나라 과학의 발달 과정에서 우리말의 용어와 외래 기원을 가진 용어 사이에 약간 혼란이 있었지만, '암'은 화강암이나 현무암처럼 암석 이름에 붙이고 '석'은 광물 이름에 붙이기로 정했다. 물론 모든 암석과 광물에 '암'과 '석'을 붙이는 것은 아니다.

'석'과 '암'에 대해 이야기하다 보니 '석'에 대한 재미있는 이야기가 있다. '석(石)'은 일본어로 '이시'라고 발음하지만, 동음이의어로 '석(席)'은 '새키'라고 발음한다. 지인이 일본에 갔는데, 버스를 타도 전철을 타도 여기저기서 사람들이 자꾸 '~새키'라고 욕을 하는 듯해서 곤란했다고 하면서 웃었다. 알고 보니 일본인들이 '고노새키와와타시노새키데스(이 자리는 내 자리입니다)', '차쿠새키시데구다사이(착석해주세요)' 등 자리와 관련해서 이야기를 한 것이었다. 심지어는 학교에서 많이 사용하는 '결석'이라는 단어도 '갯새키'이다. '석(席)'의 일본어 발음이 우리나라 욕설과 발음이 비슷해서 일본을 여행하다 보면 웃지 못할 오해가 생길 수도 있다.

광물은 우리 일상에서 아주 많이 볼 수 있다. 광물질이 없으면 생활 자체가 불가능할 정도다. 일상생활에서 쉽게 마주치는 음료의 용기 캔과 유리병의 재료도 광물에서 추출한다. 액세서리, 생활 도구, 가전제품, 화장품에 이르기까지 우리 생활에 광물을 사용하지 않은 것이 없을 정도로 많이 소비되고 있다. 우리가 소비하는 생활용품 가운데 광물이 주요 원료로 쓰이는 용품이 많지만, 불행히도 광물은 유한하다. 미래에는 광물을 많이 소유하고 있을수록 부자가 되지 않을까 싶다.

광물과 관련한 짧은 유머 퀴즈는 다음과 같다.

Q: 지구에서 지하자원이 가장 많은 나라는?

A: 케냐

Q: 아몬드가 죽은 것은?

A: 다이아몬드

Q: 우리나라에서 가장 많은 산은?

A: 중국산

Q: 어른들이 제일 싫어하는 금은?

A: 세금

Q: (우리나라에서) 보석이 많이 나는 도시는?

A: 진주

수많은 보석과 생활용품을 만들기 위해 우리는 끊임없이 광물을 캐내고, 자연 자원을 개발하고 있다. 자연 자원의 지나친 개발은 지구 환경을 오염시키고 병들게 한다. 자원의 고갈과 함께 환경 오염을 일으켜 지구를 사막화하고, 사막화 현상은 다시 더 크게 지구 환경을 오염(황사 등)시켜 기후 변화에 영향을 준다.

기후 전문가들은 21세기 중엽이 되면 남유럽과 미국 남서부, 그리고 수

단 등 아프리카 지역에서 강수량이 30퍼센트 이상 감소할 것으로 예상한다 (www.onkweather.com). 전 지구 면적의 19퍼센트가 사막화됨에 따라 1억 5천만 명이 생존을 위협받게 될 것이라고 경고한다. 그렇다면 사막화를 막으려면 무엇을 해야 할까? 지구가 위험에 처하면 우리의 생존이 위협을 받는다. 지구가 점점 사막화되기 전에 무분별한 자원 개발의 방지와 자원 절약, 나무 심기 등 다양한 방법으로 지구를 살리는 노력을 해야 할 것이다.

7월 17일이 무슨 날인지 아는가? 그렇다, 제헌절이다. 그렇다면 6월 17일이 무슨 날인지 알고 있는가? UN이 정한 '세계 사막화 방지의 날'이다. 즉, 지구를 위한 날이다. 1년에 한 번쯤 지구를 위해 나무를 심거나 캔 음료, 유리병 등의 소비를 줄여 보는 것은 어떨까. 6월 17일에는 사막과 관련한 이야기를 해 주자.

'사막에서 길을 잃고 헤매다 최근에 만들어진 무덤을 보았다.' 이것은 무슨 뜻일까? 무덤은 사람 사는 곳이 멀지 않다는 것을 보여 주는 표지다. 길을 잃은 사람은 곧 마을을 발견할 것이다.

사막에 사는 낙타는 속눈썹이 긴데, 이 기다란 속눈썹이 모래폭풍 속에서도 모래가 눈 속으로 들어오는 것을 막아 준다. 또한 큰 발은 모래에 빠지지 않기 위해서고, 등에 있는 커다란 혹은 물도 없고 식량도 없는 사막에서 오랫동안 견딜 수 있도록 저장해 둔 지방 덩어리다. 자, 그렇다면 동물원에 있는 낙타에게 가끔 인공 모래폭풍을 불어 주고, 먹이도 주지 말아야 할까? 학생들의 기발한 대답을 유도해 보자.

사막화는 지구 환경이 변하는 대표적인 징표다. 지구의 환경 변화는 지권,

수권, 기권, 생물권, 외권으로 구성되는 지구계의 변화를 말한다. 이 중에서 지권의 변화를 일으키는 대표적인 자연현상이 지진과 화산이다. 우리나라는 이웃한 일본에 비해 지진이 그리 많이 발생하지 않지만, 초·중등 학생들은 지진으로 땅이 진동하고 갈라지는 재난에 관심이 많다. 그래서 현장학습으로 지진 체험관에 가 보거나 지진 대피 훈련을 하기도 한다.

그런데 지진이 났을 때 절대로 부르면 안 되는 노래는 무엇일까?

동요다. 동요라고! 童謠가 아닌 動搖!

3

힘과 운동

이 단원에서는 힘과 운동과 더불어 힘과 운동의 관계를 다룬다. 과학에서 배우는 '힘과 운동'이라는 용어는 일상생활에서 사용하는 용어와 쓰임새가 다름을 아는 것이 중요하다. 물체의 속력이 일정한 직선 운동과 속력이 일정하게 증가하거나 감소하는 직선 운동을 다룬다. 또한 중력, 탄성력, 마찰력, 전기력, 자기력 등을 간단히 다루며, 이러한 힘들이 다양한 자연현상에 작용하고 있음을 알게 한다. 그리고 물체에 작용하는 알짜 힘과 운동의 관계를 이해하게 한다.

'힘과 운동'은 '과학' 하면 떠오르는 가장 대표적인 주제이면서 동시에 가장 재미없는 주제이기도 하다. 시간-속력 그래프나 중력이라는 단어만 들어도 골치가 아프다. 힘과 운동은 우리 주변에 아주 흔한 현상이지만, 바로 그렇기 때문에 재미없을 수 있다.

흔하디흔한 주변의 현상을 살짝 다른 관점에서 바라본다면 새롭지 않을까. 수험생이 지우개를 떨어뜨리면 대학에 떨어질 거라고 생각하는 경우가 많은데, 그 대신 지우개가 날아가 땅(대학)에 붙었다고 생각하면 기분이 좋아질 것이다.

이렇게 '입장 바꿔 바라보기'는 '힘'을 과학적으로 이해하는 데에도 매우 중요하다. 힘은 두 물체 사이의 상호 작용이다. 다른 말로, 힘이 있다는 말은 상호 작용하는 두 물체가 있다는 뜻이다. A가 B에 가하는 힘이나 B가 A에 가하는 힘 모두 하나의 힘을 의미한다. 단지 어느 물체를 기준으로 보는가에 따라 다르게 표현할 뿐이다. 자, 이제 입장 바꿔 바라보기를 연습해 볼까.

지구가 사과를 잡아당긴다 vs **사과가 지구를 잡아당긴다**

너무 과학적이면 좀 더 일상생활에서 예를 찾아보자.

지우개가 바닥으로 떨어지네 vs **바닥이 지우개에게 다가오네**
주먹이 얼굴을 향해 날아간다 vs **얼굴이 주먹을 향해 다가온다**

교사와 학생 사이에 유머라는 힘은 어떻게 작용할까. 교사가 유머를 해서 학생이 웃는 것일까, 학생이 웃어서 교사의 말이 유머가 되는 것일까? 당연히 후자가 맞다. 그래도 교사가 고리타분한 유머만 하면 학생들은 결코 웃어 주지 않는다. 입장 바꿔 바라보기는 힘을 이해할 때만이 아니라 일상생활에서도 참 중요하다. 상대방의 입장은 생각하지 못하고 오직 자기 입장에서만 생각하면 종종 우스꽝스러워질 때가 있다.

술을 마신 운전자가 도로를 역주행하는 위험천만한 일이 벌어진다. 하지만 그 사람 입장에서 보면 자신이 역주행하는 게 아니라 다른 차들이 모두 역주행하며 자기 차로 달려든다고 생각할 수도 있다. 꽤 술에 취한 경우, 갑자기 땅바닥이 올라와서 머리를 때리는 경험을 한 사람도 있을 것이다.

우리가 경험할 수 있는 힘 가운데 가장 흔한 것이 중력이다. 지구상의 모든 물체가 땅으로 떨어지는 것은 바로 중력 때문이다. 땅으로 떨어지는 물체를 보면서 중력을 떠올린다면 중력을 제대로 배운 것이다.

머리에 새똥을 맞은 경험에서도 중력을 발견할 수 있다. 자연 탐구에서 같은 반 친구들과 함께 걸어가다 머리가 조금 이상해 손으로 문지르니 기분 나쁘게 미끄럽고 지저분한 액체가 흘러내렸다. 이 상황을 긍정적으로 생각해 볼까.

'아, 내가 중력을 경험한 거구나. 하늘에서 내리는 똥을 맞으면 행운이 온다는데…….'

질량을 가지고 있는 물체들이 서로 잡아당기는 힘을 만유인력이라고 하며, 그중에서 지구가 물체를 잡아당기는 힘을 중력이라고도 한다. 물체가 얼마나 무거운지, 가벼운지를 재는 것은 중력의 크기, 즉 무게를 재는 것이다. 무게를 재는 대표적인 방법은 천칭(양팔저울)을 이용하는 것이지만, 최근에는 디지털 센서를 이용해 무게를 숫자로 바로 나타내는 편리한 저울도 많다. 만약 숫자를 나타낼 뿐 아니라 숫자를 말해 주는 저울이 있다면 더 편리해질까? 승객의 수와 몸무게 합을 말하는 승강기가 등장한다면, 아마 많은 사람이 다이어트에 좀 더 신경 쓰게 될 것이다. 승강기 대신 계단을 이용할 사람도 많아질 테니, 어쩌면 다이어트에 성공할 확률도 높아질 수 있겠다.

두 물체가 서로 접촉하여 움직일 때, 좀 더 구체적으로 표현하면 물체끼리 비비거나 문지를 때 그 움직임을 방해하려는 힘을 마찰력이라고 한다.

소원을 들어 주는 알라딘의 요술 램프도 비벼야만 작동하는 법. 이 마찰력 때문에 램프의 요정 지니가 등장하는 것 아닌가? 나에게 그 요술 램프가 있다면 나는 어떤 소원을 빌까? 학생들에게 소원을 적어 보라고 하면 기상

천외한 대답이 나올 것이다.

과학을 잘할 수 있는 지혜, 이런 소원을 말하는 학생을 기대하는가? 돈, 멋진 남자, 예쁜 여자, 맛있는 음식……. 소원을 적을 때는 콤마를 꼭 찍어야 한다. '돈, 여자'에서 콤마가 빠지면? 그런데 돈 여자가 되는 게 가끔 필요할 때도 있다. 말귀를 잘못 알아들어 상대방의 말을 오해하는 게 도움이 될 때도 있으니까.

한 여학생이 길을 걷는데 불량소년들이 저쪽에서 "야, 너 이리 와"하고 말했다. 여학생이 아무 반응이 없자 한 소년이 목소리를 높여 "야, 빨리 안 날아와?" 그러자 그 여학생이 날아오라는 얘기인 줄 알고 팔을 휘저으며 훨훨~ 날갯짓을 하면서 가니까 불량소년들이 미친 여자인 줄 알고 줄행랑을 놓았다던가.

알라딘의 요술 램프가 마찰력을 이용한 것인지는 알 수 없지만, 마찰력은 실제로 일상생활에 도움이 되는 경우가 많다. 예를 들어 자동차가 빗길에 미끄러지지 않고 굴러가는 데 필요한 마찰력은 도움이 되는 마찰력이다. 신발과 바닥 사이 마찰력도 그렇고, 자전거 바퀴와 브레이크 패드 사이의 마찰력도 마찬가지다. 브레이크 고장으로 서지 않는 (위기일발의) 자동차를 몰면서 '마찰력이 약하군'이라고 생각하는 건 조금 그런가?

물체가 얼마나 빠르게 움직이는가는 과학의 대표적인 탐구 주제이지만, 속도라는 말이 나오는 순간부터 재미없어진다. 우리 주변은 운동하는 물체로 가득 차 있지만, 그것을 보고 속도를 떠올리고 과학을 생각하는 경우는 별로 없다.

하지만 조금만 살펴보면, 우리는 일상생활에서 속도와 관련한 말을 무척 많이 한다. 특히 요즘처럼 모든 것이 빨라지는 사회에서 더욱 자주 듣는 말이 '속도'다. 또 많은 경우 빠른 것이 곧 미덕이기도 하다. 보다 빠른 자동차, 보다 빠른 기차, 보다 빠른 컴퓨터 연산처리 속도. 빠름 빠름 빠름……. 모든 사람이 바쁘게 사는 현대야말로 속도 경쟁의 사회다. 속도 경쟁 사회에서 속도와 관련한 웃음거리를 찾아보면 마음이 좀 편해지지 않을까.

Q: 사과와 배와 감을 싣고 가는 트럭 앞에 고양이가 나타나 급정거했다.
　차에서 무엇이 떨어졌을까?
A: 속도

빠른 속도 하면 떠오르는 대명사는 총알이다. '총알 탄 사나이', '총알택시'라는 별칭이 있을 정도다. 실제로 총알은 대략 시속 3000킬로미터 정도로 제트기보다 3배 이상 빠르니, 엄청 빠르게 날아가긴 한다. 그런데 영화에는 폭발하는 가스나 폭탄을 뒤로하고 마구 달려서 위험을 피하는 주인공의 모습이 자주 등장한다. 어디 그뿐인가? 영화 주인공은 적들이 쏘아 대는 총알을 모두 피하고, 적들은 주인공이 쏜 총알에 모두 다 맞는다. 모두 '거짓!'인 줄 알면서도 영화가 끝날 때까지 주인공이 존재해야 하니까 그러려니 한다.

힘과 운동을 다루는 과학 문제에서는 자동차가 단골 메뉴로 등장한다. 자동차와 관련한 우스운 얘기로 살짝 분위기를 풀고 시작해 보자. 고속도로가 꽉 막혔을 때 신에게 기도를 하면 바로 길이 생긴다. 바로 갓길(God-길)! 하지만 위험한 갓길로 가지 말고 도로가 막히더라도 감수하면서 천천히 가자. 아프리카의 어느 원주민 부족은 영혼이 따라올 시간을 주기 위해 며칠 빨리 걷고 난 다음에는 꼭 하루를 쉰다고 한다.

운동하는 물체가 힘을 받으면 운동 상태가 변한다. 즉, 속도가 변한다. 이렇게 힘과 운동의 관계를 정확하게 나타낸 것을 '운동 법칙'이라고 하며, 과학의 핵심 주제 가운데 하나로 중·고등학교 교육과정에서 매우 중요하게 등장한다.

우리 주변에는 항상 물체들이 서로 힘을 주고받고 있으며 그에 따라 물체의 운동 상태가 변하지만, 이것을 운동 법칙으로 배우는 것은 학생들에게 정말 재미없고 어려운 주제다. 예를 들어 '물체에 운동을 시키려면 힘이 필요하다'고 건조하게 설명하기보다 다음과 같이 유머로 풀어내면 곧바로 이해하지 않을까.

가난한 나라 사람들 중에는 식량이 부족해 굶는 사람이 많은데 집 주변의 고양이에게 음식을 던져 주는 게 옳은 일일까? 당연하지. 그렇게 멀리까지 다른 나라에 음식을 던져 줄 수는 없으니까.

학생들은 매우 썰렁해하겠지만, 썰렁해도 웃어 주는 게 경쟁력이라고 말해 주자.

과학 교과서에 흔히 등장하는 두 물체의 충돌만 해도 그렇다. 여느 교과서나 시험문제에는 충돌하는 물체가 자동차인지 당구공인지는 별로 중요하지 않고, 물체의 질량만 중요하게 다룬다. 달리던 두 자동차가 충돌하는 경우 역시 교과서에 등장하는 딱딱한 문제 중 하나다. 아주 진지하게 질문을 하나 내 보자.

"여기 자동차 두 대가 마주 보고 움직이고 있다. 차들이 충돌하는 순간 두 차 사이 거리는 얼마인가?"

학생들은 아마 이 질문에 아무런 반응을 보이지 않을지도 모른다. 그렇다면 다음과 같이 황당한 질문들을 만들어 보자.

"어이, 김명랑! 너 이름이 뭐야?"는 질문이지만 사실 질문이 아니다. 치매에 걸린 사람이 혼잣말로 "음, 다음 주 목요일은 무슨 요일이지?"라고 말하며 고민할 수도 있다. 수업 시간에 해 볼 만한 황당한 질문을 몇 가지 준비해 놓고 학생들의 집중도가 떨어질 때 크게 말해 보자.

"주번, 나와서 칠판 좀 지워. 주번이 결석이라고? 그럼 당번은 누구야?"
"시간을 x축에 적고 거리를 y축에 적으면, 시간이 어느 축에 있는 거야?"

2초가량 지난 후 몇몇 학생이 웃기 시작하고, 이어서 여러 학생이 웃으면 분위기가 바뀌어 잠시 쉬는 시간이 될 것이다.

우리 주변에서 벌어지는 온갖 현상은 기본적으로 힘과 운동의 관계다. 그 중에서도 운동 법칙과 가장 밀접한 관계에 있는 일상생활 소재는 바로 스포츠다. 그래서 '스포츠의 과학'은 학생이 과학을 친근하게 접근할 수 있는 좋은 방법이다. 특히 야구는 스포츠의 과학을 이야기할 때 단골 메뉴다. 그런데 스포츠를 관람할 때 놓칠 수 없는 재미가 해설에도 있다. 1990년 중반에 우리나라 한 방송에서 메이저리그를 중계한 차명석은 야구 선수 출신 해설가로, 시청자에게 신선한 웃음을 안겨 주어 화제가 되기도 했다. 인터넷에서 '차명석 어록'으로 검색해 보라. 배꼽이 빠진다는 것이 어떤 느낌인지 경험할 수 있다. 과학 교사도 이렇게 학생들의 배꼽이 빠지는 수업을 할 수 있다면! 그래서 어록을 남길 수 있다면!!! 이 책이 그런 어록의 시작이 되기를! 어록을 남기고 싶다면 먼저 짧고 허망한 퀴즈부터 만들어 보자.

Q: 벌레 중 가장 빠른 벌레는?

A: 바퀴벌레(바퀴가 있으니까)

Q: 홈런 치면 안 되는 운동은?

A: 탁구, 테니스, 배드민턴, 농구, 축구……

Q: 세상에서 가장 빠른 차는?

A: 뺑소니차

Q: 유일하게 점프를 못하는 동물은?

A: 코끼리(이 퀴즈는 난센스처럼 보이지만 사실이다)

Q: 만유인력을 발견한 사람은?

A: 죽었다. 남자다. 미국 사람이다(아니다. 영어를 하면 모두 미국인으로 알지만, 뉴턴은 영국 사람이다). 위인이다. 굉장하다……

광합성

이 단원에서는 식물 세포의 구조를 다루는데, 이때 동물 세포와 비교하여 식물 세포의 특징을 이해하게 한다. 뿌리, 줄기, 잎 등의 식물 기관은 식물 세포들의 유기적인 구성으로 이루어져 있으며, 이러한 구조적 특징에 따라 식물은 광합성을 하여 스스로 영양분을 합성할 수 있음을 설명한다. 광합성의 원리와 과정을 설명하고, 광합성의 결과 잎에서 만들어진 영양분이 이동하기에 알맞은 형태로 바뀌어 식물체 전체로 이동하고, 사용되며, 저장됨을 이해하게 한다. 또한 생명체인 식물체가 호흡을 하면서 호흡에 필요한 물질과 호흡의 결과로 생겨나는 물질이 광합성과는 반대임을 이해하게 한다.

학생들은 어려서부터 생활 주변에서 많은 식물과 접하며 식물의 초록빛 싱그러움과 아름다운 꽃을 보며 감성을 키워 왔다. 초등학교 3~4학년 때 식물의 한살이와 생활상에 대해 기본적인 내용을 배우고, 5~6학년 때는 식물의 구조와 기능에 대해 학습한다. 이를 기초로 중학교에서는 식물의 가장 중요한 기능인 '광합성'을 단원으로 설정하고, 광합성을 위한 식물의 구조와 광합성의 기능에 대해 학습한다. 광합성 단원은 우리가 사는 지구의 환경을 유지하는 데 식물이 얼마나 중요한 역할을 하는지 알고, 동물과 식물의 상호 작용에 대한 관심과 더불어 이해의 폭을 넓힐 수 있게 해 준다.

대부분의 학생은 생명 과학은 암기할 것이 많은 분야로 인식한다. 이럴 때 익숙한 용어와 관련지으면 기억에 오래 남는다. 예를 들어 식물체의 유기적 구성 단계를 지도할 때, '조직'의 '쓴맛'을 느끼지 않도록 단체 생활을 잘 해야 한다는 점을 강조하면서, 식물 조직의 다음 구성 단계는 '기관'이 아니라 '조직계'라는 식으로 설명하면 학생들이 기억하는 데 도움을 줄 수 있을 것이다. 학습 내용과 관련하여 적절한 유머를 떠올리기란 쉽지 않다. 학습 내용과 조금이라도 연관되는 유머를 찾아 먼저 정리해 보자.

세포의 관찰 학습은 초등학교 때 주로 양파를 이용하여 관찰했다. 양파를 이용해 식물 세포의 모양을 지도하면서 다음과 같은 유머로 시작해 보자.

"5년 된 양파는 영어로 뭐라 할까?"

"오년(onion)."

"그럼 5년 된 양파를 그린 그림은 영어로 뭐라고 할까?"

"그린 오년!"

(파를 영어로 green onion이라 한다. 따라서 5년 된 양파를 그리면 파가 된다.)

과학 시간에 쓰는 용어와 일상생활에서 사용하는 용어의 의미가 조금 다른 점을 이용하여 다양한 유머를 만들 수 있다. 학생들은 이 두 용어의 의미 차이를 구분하지 못하거나 혼동하여 교사와는 다르게, 좀 엉뚱하게 받아들이기도 한다. 예를 들어 "식물인간은 물을 마시고 광합성을 해서 살아가는 건가요?" 이렇게 질문할지도 모른다.

휴대전화 문자나 카카오톡 같은 스마트폰 모바일 메신저 서비스를 이용하다 보면 오타 때문에 당황스럽거나 피식 웃게 되는 경우가 많다. 그러다 보니 인터넷상에 떠돌아다니는 우스갯소리가 많다.

- 전 남친(남자친구)이 보낸 문자 – '얼마나 멋진 감자 만나나 보자!'
- 엄마가 피자 먹으라고 보내는 문자 – '빨리 와서 피지 먹어.'

　사춘기 중·고등학생에게 예쁘다거나 멋지다고 하면 무척 좋아한다. 칭찬을 많이 해 주는 선생님을 따르게 되고, 선생님이 좋아지면 수업에도 집중하여 자동 '뿅'으로 공부도 잘하게 된다. 대학생 연인들이 많이 사용하는 유머로 신세대의 감각을 배우면서 다양한 방식으로 (단, 이때는 진심이 담긴 표정이 중요하다) 학생을 칭찬하는 교사가 되어 보자.

교사: 민정아! 얼굴에 풀이 묻었네.
민정: 예? 풀? 어디에요……?
교사: 흠, 뷰티풀!

교사: 서진아~ 얼굴에 김 묻었네!
서진: 예? 웬 김이요?
교사: 잘생김!

　식물이 광합성을 하려면 빛을 받아야 하는데 사람은 어떨까? 과학적으로 사람들이 햇볕을 쬐면 우울한 기분을 사라지게 하는 효과가 있다. 요즘은 오존층이 파괴되어 태양 광선에 있는 자외선이 피부에 영향을 주기 때문에 자외선 차단제를 바르고 외출해야 할 정도로 환경 오염 문제가 심각하다.

녹색 식물의 광합성을 지도할 때는 지구의 환경 보호 문제와 연계하는 것이 지구와 인류의 미래를 위해 바람직한 STS(사회 속의 과학과 기술) 교육을 실천하는 것이 된다. 식물의 광합성을 배운 학생들은 식물의 모든 부위에서 광합성이 일어나는 것으로 생각하기 쉽다. 학생들에게 꽃도 광합성을 하는지 물어 보면서 질문해 보자.

"식물은 광합성을 하면서 영양분을 만들어 내는 거야. 동물이 음식을 먹을 때 행복해하는 것처럼 식물도 광합성을 하면 행복하겠지? 영양분을 만들어 꽃도 피울 수 있으니까. 그런데 선물로 꽃을 주는 사람이 더 행복할까, 받는 사람이 더 행복할까? (잠시 뜸을 들이며) 꽃집 주인이 제일 행복한가?"

하지만 여기서 누가 더 행복한지를 따지는 것은 매우 멍청한 짓이다. 모두 행복하겠지…….

요즘은 분자생물학이 강세이다 보니 예전과 달리 생물 분류에 관한 내용을 잘 아는 선생님이 많지 않은 것 같다. 그래서인지 생물 전공 선생님은 현장학습에서 학생이 식물이나 꽃의 이름을 물으면 난처해하는 경우가 많다. 학생이 잘 모르는 식물 이름을 물었을 때 생물 선생님의 공통적인 답변은 다음과 같다.

학생: 선생님! 이 꽃은 무슨 꽃이에요?
교사: 응, 나는 미생물 전공이야!

이때는 동물 전공이라고도 하지 말아야 한다. 눈에 띄는 동물이나 곤충에 대해 질문할 수도 있으니까.

현장학습을 나가면 교사는 맨 앞에 서서 걷는 게 좋다. 잘 모르는 식물이 있으면 얼른 가리고 서서 다른 식물을 설명하면 되니까. 아니면 식물 퀴즈를 낸다.

Q: 고등학생이 제일 싫어하는 나무는?

A: 야자나무

Q: 밤에 빛나는 나무는?

A: 야광나무(실제로 이 나무가 있다)

Q: 배가 나온 나무는?

A: 배나무

Q: 자기가 나무라고 하는 나무는?

A: 전나무

Q: 생각하는 나무는?

A: 생강나무

Q: 제일 큰 나무는?

A: 대나무

교육과정이 계속 바뀌면서 중학교 생물 영역에서는 식물 분류에 관한 내용이 많이 축소되거나 사라졌다. 하지만 식물 관련 단원을 지도하면서 비슷

비슷한 식물을 어떻게 구분하는지 설명해 주면 학생들이 식물에 대해 호기심을 가지는 것은 물론, 자연 친화력을 기르는 데도 도움이 된다. 예를 들어 진달래꽃과 철쭉꽃을 한눈에 구별하는 방법처럼 말이다. 진달래는 꽃눈이 먼저 생겨 잎보다 꽃이 먼저 핀다. 철쭉은 꽃이 필 때 초록색 잎도 함께 보인다. 진달래꽃이 피었다 질 무렵 철쭉꽃이 핀다. 철쭉과 산철쭉은 비슷하여 구별이 잘 안 되지만 학교 현장(김운화, 진주 제일중학교 수석교사)에서 사용된 다음 유머를 활용해 보자.

교사: 두 미인이 나왔더래요. 1번(철쭉)은 얼굴이 둥글고 통통하면서도 우아한 여자. 2번(산철쭉)은 야무지게 턱 선이 브이(V) 자인 날씬하고 세련되고 화려한 여자. 여러분은 어느 여자가 이상형인가요?

학생: 저는 1번과 2번 짬뽕할라요! 좋은 부분만 골라서요. 나는 짬뽕 스타일이 좋아요.

식물 이름을 기억하기 좋게 설명하는 생물 선생님(김운화, 진주 제일중학교 수석교사)이 수선화의 특징을 다음과 같이 시로 표현했다.

수선화

눈이 참 예쁘구나

코가 참 높구나

턱 선이 참 곱구나

배는 참 납작하구나

필시 넌 수선하였지!

이 시에 대해 학생들은 "수선화가 수선한 꽃이라 예쁘군요!" 하면서 킬킬
거렸다. 그런데 한 학생이 큰 소리로 이렇게 말했다.

"나도 수선하고 싶어요!"

식물의 광합성을 증명(확인)하는 실험에서 BTB 용액을 활용하는 경우가
많다. BTB 용액을 만들면 처음에는 알칼리성 상태이므로 푸른색이다. 중성
에서는 녹색, 산성에서는 노란색이다. 푸른색의 BTB 용액에 입김을 불어넣
어 이산화탄소가 공급되면 BTB 용액은 중성을 거쳐 산성으로 변하게 되며,
이에 따라 BTB 용액의 색깔이 변하는 성질을 이용해서 광합성에 이산화탄
소가 필요하다는 것을 확인하는 실험에 사용된다.

즉, BTB 용액을 중성 상태(녹색)로 만들어 물풀을 넣고 빛을 비추거나 빛
을 차단함에 따라 식물의 광합성과 호흡에서 이산화탄소의 사용과 배출 유
무를 확인할 수 있다.

이러한 실험은 기본적으로 BTB 용액의 성질을 알아야 학생들이 사고하
고 탐구할 수 있기에 BTB 용액의 성질을 유머 있게 암기하는 방법을 소개
하고자 한다.

'알' '푸'스 '산'에서 '노'는 '중'이 '녹색' 'BTB' 팬티를 입고 있네요!

성질에 따라 색깔이 변하는 BTB 팬티~!

이처럼 BTB 용액의 성질과 색깔의 앞 글자를 연결하면 재미있게 기억하는 방법이 될 수 있다. 팬티 입은 중이 알프스 산을 오르면서 헉헉거리며 호흡을 하면서 이산화탄소를 배출할 때 팬티의 색깔이 변하는 그림이나 플래시 동영상을 만들어 보여준다면 더욱 재미있게 기억할 수 있을 것이다.

식물 단원을 배울 즈음, 특히 점심식사 후에는 졸음이 쏟아진다. 더욱이 한밤이나 새벽에 중계하는 월드컵 축구 경기나 올림픽 경기 등을 보고 나면 학생뿐 아니라 선생님도 졸음에서 벗어나지 못한다. 지친 학생들이 살아남으려고 종종 도의 경계를 넘는 경우가 있다. 다음은 생물 선생님(김운화, 진주 제일중학교 수석교사)이 겪은 도의 경지를 넘어 버린 6교시 교실 현장 실화다.

오늘 수업 중에 잠을 자는 한 학생에게 깨달음을 주려고 이름을 불러 주었다.

"동현아, 네가 도를 넘는구나! 도를 넘으면 어찌 되는지 아느냐?"

그러자 빙하기를 부르는 듯한 학생의 대답…….

"'레'가 옵니다."

수업 태도가 나쁘다고 야단치고 화를 낼 것이 아니라 선생님과 학생이 유머 있게 대처한다면 더욱 화기애애하고 즐거운 생물 수업 시간이 될 것이다.

열과 우리 생활

이 단원에서는 온도와 열을 우리 생활과 관련
지어 다룬다. 온도는 물체의 차갑고 뜨거운 정
도를 나타내는 물리량으로, 분자 운동 모형을 통
해 이해할 수 있다. 열은 전도, 대류, 복사 등의
방법으로 이동하는데 일상생활에서 열의 이동을
어떻게 이용하는지 설명한다. 또한 물질마다 비열
과 열팽창 정도가 다름을 알고 이를 일상생활에 적
용할 수 있게 한다.

열과 온도를 배울 때 빠지지 않고 등장하는 실험 도구가 바로 온도계다. 온도계의 용도에는 어떤 것이 있을까. 온도계는 온도를 재는 도구라는 것을 초등학교 때부터 배워 누구나 알고 있다. 하지만 단순히 온도를 재는 것 이상의 용도를 생각하게 하는 것도 꽤 좋은 창의력 과제가 될 수 있다.

예전에 온도계로 63빌딩 높이를 재는 방법을 있는 대로 말하라는 창의력 과제를 내준 적이 있다. 기대한 과학적 대답은 고도에 따른 온도 변화 그래프를 이용해 온도를 측정하고 고도(높이)를 알아낸다였지만, 가장 인상 깊은 대답은 '온도계로 63빌딩 벽을 찍으면서 필사적으로 기어 올라가며 높이를 잰다'였다. 온도계로 전화번호를 눌러 63빌딩에 전화해서 물어 봐도 된다.

온도계의 용도는 이뿐만 아니다. 수업 중 쉬지 않고 떠드는 학생의 입을 다물게 하는 데도 매우 유용하다. "체온계를 5분간 물고 있어라" 하면 되니까. 그런데 아쉽게도 요즘은 체온을 잴 때 입에 넣지 않고 귀에 대는 체온계를 사용한다.

열 단원을 가르치다 보면 꾸벅꾸벅 조는 학생들 때문에 열 받을 때가 한두 번이 아니다. 열량 계산 공식 등 딱딱한 내용을 암기하느라 학생들도 열 받았을지 모른다. 이때 열이 등장하는 수수께끼를 내서 열 좀 식혀 보자. 열 받는 수수께끼라고 말하면서…….

Q: 한국에서 가장 시원한 중학교는?

A: 냉방중

Q: 한국에서 가장 시원한 고등학교는?(펭귄이 다니는 고등학교는?)

A: 냉장고

Q: 돼지가 열 받으면 뭐가 될까?

A: 돼지 바비큐

Q: 수학책이 열 받으면 뭐가 될까?

A: 수학 익힘 책

Q: 닭이 열 받으면?

A: 불닭

Q: 차가 열 받으면?

A: 차 뚜껑이 열려 오픈카 된다. 또는 선루프를 연다.

과학적으로 열 개념의 핵심은 에너지 상태가 다른 계 사이의 열 출입이다. 즉, 고온의 계에서 저온의 계로 에너지가 이동하는데 이때 이동하는 에너지를 열이라고 한다. 그런데 에너지는 왜 고온의 계에서 저온의 계로 이동하는가? 법칙이니까. 그러니까 왜, 왜 그런 법칙이 생기는가? 이렇게 계속왜, 왜를 반복하다 보면 더 이상 대답하기 어려운 때가 온다. 그럴 때는 한마디 해 주면 된다. "원래 그래. 그러니까 열 받지 마."

우리나라 사람들이 열 받는 걸 꼭 싫어하는 것만은 아니다. 불가마 찜질방이나 고온의 사우나에 돈 내고 일부러 들어가지 않는가. 어쩌면 찜질방은열 단원과 가장 밀접한 우리 생활 속 과학 체험 장소인지도 모르겠다. 학생들과 함께 찜질방에서 일어나는 열과 관련한 과학 원리를 찾아보자.

- 맥반석 찜질방 돌판 위는 뜨겁지만 사우나 편백나무 바닥은 덜 뜨겁다.
  _전도

- 찜질방에 들어가면 고온의 공기가 위로 올라가서 머리 부분이 더 뜨겁다.
  _대류

- 뜨거운 숯가마의 열기가 찜질방 반대쪽 구석까지 전달된다.
  _복사

- 습식 사우나와 건식 사우나는 온도 차이가 있다.
  _비열

그런데 이렇게만 하면 자칫 또 열 받을 수 있으므로, 이쯤에서 적당히 유머를 섞는다.

염라대왕이 열 받았다. 연예인처럼 성형 수술을 한 한국인들 때문에 천당 갈 사람과 지옥 갈 사람을 구별하기 어려워서. 게다가 지옥에 보낸 한국인들은 찜질방에 단련되어 지옥 생활을 즐긴다고 소문이 나서 또 열 받았다.

찜질방은 한국에만 있는 문화라지? 찜질방이 사육신 때문에 생겨났다는 주장도 있다. 고문 받던 사육신이 한 말, "그만 지져라. 인두가 식었잖아!" 찜질방을 외국에 수출할 때 지옥 가서 편하다고 하면 어떻게 반응할까.

"아니, 찜질방에서 쪄 죽으라는 말이냐?"

찜질방 이야기가 나온 김에 목욕탕 이야기로 더 달려 보자.

'떼돈을 벌려면? 목욕탕을 한다'와 같은 간단한 유머도 있지만, 목욕탕 유머 중에서 가장 잘 알려진 것은 아마 아버지와 아들 이야기일 것이다.

아버지가 뜨거운 탕에 들어가서 "아······ 시원하다"고 말하니, 아들이 뜨거운 탕에 들어갔다 나오면서 한 말, "세상에 믿을 놈 하나 없군."

그 밖에도 목욕탕 유머는 다양하지만, 수위 높은 내용이 많으므로 잘 가려서 써야 한다. 좀 무난한 내용으로 하나만 더 들어 보자.

남자들이 연령대별로 목욕 후 쳐다보는 자신의 신체 부위는?

10대: 얼굴을 본다.

20대: 가슴 근육을 본다.

30대: 배의 복근을 본다.

40대: 나온 배를 본다.

50대: 이마 주름을 본다.

60대: 안 본다.

70대: 볼 것을 잊어버린다.

80대: 봐도 무언지 모른다.

열은 모두 같은 열이다. 과학적으로 더 비싼 열, 더 싼 열은 없다. 하지만 쓸모 있는 열과 쓸모없는 열은 있다. 휘발유를 태워서 생긴 열은 자동차 엔진을 움직이게 하는 유용한 열이지만, 뜨거워진 엔진이 밖으로 배출하는 열은 쓸모가 없고 오히려 방해가 된다(그래서 자동차에는 그 열을 식히기 위해 냉각수와 팬이 있다). 이 현상은 열역학 제2법칙의 한 예라고 할 수 있다. 같은 열인데도 쓸모 있는 열과 쓸모없는 열이 있다는 것은 무척 어려운 고급 개념이지만, 같은 말을 어떻게 전달하느냐에 따라 그 의미가 달라질 수 있다는 점에서는 비슷하다.

감기에 걸린 두 학생이 의사 선생님께 옷을 따뜻하게 입어야 한다는 말을 듣고는 각각 부모님께 이렇게 말했다.

민환: 옷을 여러 겹 껴입으래요.

준서: 최고급 파카를 사 입어야 한대요.

6

분자 운동과
상태 변화

이 단원에서는 증발, 확산 현상과 기체의 부피 변화, 물질의 상태 변화 등을 분자 관점에서 다룬다. 과학 현상을 분자 운동 모형을 통해 설명하면서 분자의 특성을 이해하게 한다. 물질의 상태 변화에는 액화−기화, 융해−응고, 승화 등이 있으며, 이러한 변화는 물질의 성질이 변하지 않는 물리적 변화임을 설명한다. 또한 상태에 따른 분자 배열의 차이를 입자 모형으로 설명하고, 상태 변화에서 출입하는 열에너지를 이해하게 한다.

화학 분야와 관련한 유머를 찾는 것은
다른 과학 분야와 관련한 유머를 찾는 것보다 몇 배 더 어렵다. 그래서 화학
을 전공했다고 하면 상대방은 속으로 '헉, 화학? 주기율표!' 하면서 슬금슬
금 다른 곳으로 가거나 이야기 주제를 다른 것으로 바꾼다. 분자 운동과 관
련한 유머로 뭐가 있을까? 분자는 눈에 보이지도 않는데……

증발을 설명할 때 자주 인용되는 것이 가뭄에 쩍쩍 갈라진 논바닥 사진이
다. 그런 사진을 다루기 전 학생들에게 이렇게 질문한다.

교사: 여러분은 비 오는 날이 좋은가요, 맑은 날이 좋은가요?

학생: 맑은 날이 좋죠. 운동장에 나가 마음껏 뛰놀 수 있잖아요. 비가 오면 운
동장에서 체육을 못해서 싫어요.

교사: 그럼 맑은 날만 계속되면 어떨까요?

학생: 정말 좋을 것 같아요.

교사: 비는 오지 않고 몇 달 동안 계속 날이 맑으면 어떻게 될까요?

학생: 좋죠. 마음껏 뛰놀 수 있으니 좋아요.

교사: 음, 이 세상은 좋아지는 게 아니라, 그 반대로 사막이 될 거예요.

사막 하면 오아시스를 떠올리면서 아주 낭만적인 곳으로 생각하는 사람이 많은데, 실제로 타는 듯이 무더운 사막 한가운데에 가 보면 한 가지 생각밖에 나지 않는다. '빨리 이 지옥 같은 곳을 벗어나야지!' 하나 더. 여름에 비가 오지 않고 가뭄이 계속되면 매미 소리를 들을 수 없다. 매미가 땅 밖으로 나오려면 흙이 촉촉하게 젖어 있어야 하는데, 가뭄이 계속되면 흙속 수분이 증발하여 땅이 마르기 때문이다. 당연히 사막에서는 매미가 살 수 없다.

교과서에 실린 확산과 관련한 실험이나 예시로 들 수 있는 것은 물에 퍼지는 잉크, 향수 냄새, 페로몬을 활용한 해충 제거, 갓 구운 빵 냄새, 음식 냄새 등이다. 하지만 학생들이 제일 좋아하는 소재는 뭐니 뭐니 해도 방귀다. 방귀를 소재로 한 유머는 유치하게 보이지만, 중학생들은 매~우 좋아한다. 방귀 소리를 내는 장난감을 가지고 교실에 들어가 장난을 치면 수업 분위기를 엄청 띄울 수 있을 것이다. 확산 현상 자체를 모르는 학생은 별로 없으니 이런저런 얘기를 하면서 웃고 난 뒤, 분자 운동과 관련지어 설명하는 것이 무엇보다 중요하다.

이 단원에서 다루는 압력이란 기체 분자의 충돌로 생기는 힘이다. 압력은 중학교 과학에서 처음으로 다루는 내용이다. 압력은 '작용하는 힘의 크기/

힘을 받는 면의 넓이'로 나타낼 수 있어, 같은 힘을 받더라도 접촉하는 면적이 작을수록 압력의 크기가 세진다. 압력을 설명하는 가장 좋은 예는 학생들이 가지고 있는 연필이나 샤프, 볼펜을 두 검지 사이에 놓는 것이다. 왼손 검지를 뾰족한 앞쪽 끝에 대고, 오른손 검지를 뒤쪽 뭉툭한 끝에 댄 뒤에 두 검지로 양쪽을 조금 눌러 보면 압력이 다른 것을 느낄 수 있다. 뾰족구두 굽에 발가락이나 발등이 밟히면 압력을 확실히 이해할 수 있다.

이와 관련하여 예전 한 TV 프로그램에서 코끼리 발바닥과 하이힐의 위력을 실험한 사례가 있다. 즉, 동일한 두께의 스티로폼 위로 코끼리가 밟고 지나가는 경우와 보통 체격의 여자가 하이힐을 신고 지나갈 때를 비교한 것이다. 결과는 어떻게 되었을까. 코끼리가 밟고 지나갈 때는 발바닥이 닿는 부분만 스티로폼이 아래로 조금 들어간 반면, 여자가 하이힐을 신고 지나갈 때는 하이힐 굽이 닿는 부분마다 구멍이 뻥뻥 뚫렸다. 이 이야기를 들려주면서 압력을 설명하면 학생들의 흥미를 더욱 끌 수 있을 것이다.

물질의 상태는 고체, 액체, 기체 세 가지다. 이것 말고 플라스마(plasma)라는 제4의 상태, 보스—아인슈타인 응축인 제5의 상태도 있지만 중학교 과정에서는 이 두 가지에 대해 다루지 않는다. 물질의 상태 중 노래를 가장 잘하는 것은 무엇일까? 답은 고체다. 솔리드. 그렇다면 고체 중에 가장 노래를 잘하는 것은? 답은 보석인 주얼리. 여기서 고개를 갸우뚱하고 웃지 못하면 공부를 좀 해야 한다. 솔리드와 주얼리에 대해. 최근 학생들에게 인기 있는 가수 그룹이나 연예인 이름 등을 찾아 과학 시간에 활용할 수 있는 문제로 만들면 학생들의 주의를 한번에 끌 수 있다. 빅뱅, 아이유(나는 우라늄) 등.

물질의 세 가지 상태가 지닌 특징은 초등학교 때 배웠으니 어렵지 않다. 고체는 딱딱하고 모양이 정해져 있고, 액체나 기체는 담는 그릇에 따라 모양이 변하는 등등……. 이런 설명을 반복하기보다 식사할 때 일어나는 에피소드로 딱딱한 고체의 특성에 대해 재미있게 정리할 수 있을 것이다. 예를 들어, 밥에서 돌이 나왔을 때 밥을 지은 사람의 마음이 상하지 않게 어떻게 말해야 재치 있는 표현이 될까? "어라, 돌이 좀 덜 익었네. 익은 것만 잘 골라 먹어야지"라고 하면 된다. 요즘은 밥 먹다 돌을 씹는 경우가 별로 없지만, 예전 저자가 어렸을 때에는 종종 돌을 씹었다.

물질의 세 가지 상태를 다룬 뒤에는 상태 변화를 이야기하고 그 과정에서 출입하는 에너지를 이야기한다. 다음 이야기는 어디선가 많이 들어 보았을 텐데, 지어 낸 이야기가 아닌 실화라고 한다.

추운 겨울, 자살을 하려고 다리 난간 위로 올라간 남자에게 지나가던 사람이 소리쳤다.

"지금 뛰어내리면 얼어 죽으니, 따뜻한 봄에 뛰어내려요."

자살하려던 남자가 피식 웃고 내려왔다.

재치 있는 유머로 사람의 목숨을 구한 셈이다.

물질의 상태와 상태 변화를 다루면서 이 이야기를 해 주면 수업 분위기가 한결 부드러워지지 않을까. 이 유머에는 상태 변화를 직접 다루지는 않지만 물질의 상태는 주위의 온도와 관련이 있다고 말해 줄 수 있다. 물론 몸이 어는 것은 액체 상태에서 고체 상태로 되는 상태 변화이기는 하지만, 굳이 그 이야기를 하지 않아도 학생들은 이해할 수 있을 것이다.

물질의 상태 변화 과정에는 반드시 열 출입이 있다. 여기서 말하는 열 출입은 온도 변화가 아니라 열에너지의 이동이다. 상태가 변화하는 동안 온도는 변하지 않지만 열에너지가 이동한다. 물질의 상태와 열에너지에 관한 짧은 유머 퀴즈가 몇 가지 있다.

Q: 김이 나면서도 차가운 것은?

A: 드라이아이스

Q: 오리가 얼면?

A: 언덕

Q: 눈이 오면 강아지가 폴짝폴짝 뛰는 이유는?

A: 가만있으면 발이 시려워서

Q: 얼음이 죽으면?

A: 다이빙

Q: 그럼 아몬드가 죽으면?

A: 다이아몬드

Q: 열을 받으면 부피가 증가하지 않는 것은?

A: 오징어

7

수권의
구성과 순환

이 단원은 지구계를 구성하는 요소 중 수권에 대해 다룬다. 수권은 지구 표면의 약 70퍼센트를 차지하고 있으며, 해수와 담수, 빙하, 지하수 등으로 구성되어 있다. 해수의 물리적 특성과 순환을 다루며, 우리나라 주변의 해류와 해양 자원에 대해서도 가르친다. 또한 빙하를 연구하여 기후 변화를 해석할 수 있으며, 인간 활동이 수권과 기후 변화에 영향 미침을 이해하게 한다.

얼마 전 모 방송국 예능 프로그램에서 출연자들끼리 일반 상식에 대해 이야기를 하던 중 5대양 6대륙이 화제가 됐다. 그러자 출연자 몇 명이 '광희'라는 연예인에게 5대양이 뭔지 맞혀 보라고 했다. 그는 태평양, 대서양, 인도양까지 말하고는 나머지 이름을 대지 못해 진땀을 흘리다 "아시아양?"이라고 말해 모두를 폭소케 했다. 아마도 인도양이라는 이름이 인도 대륙에 양을 붙인 것이라고 짐작하고, 대륙 이름 뒤에 양을 붙이지 않았을까 추측한 것 같다. 나머지 2대양은 북극해, 남극해라고 동료 연예인이 알려 주자, 왜 '양'이 아니고 '해'냐고 의아해했다. 그의 말처럼 북극에 양을 붙여도 된다.

일반적으로 큰 바다 이름에는 양(洋, ocean)을 붙인다. 북극해는 북극양(Arctic Ocean) 또는 북빙양으로 불리기도 한다. 해(海, sea)는 양보다 상대적으로 규모가 작고, 부분 또는 거의 전체가 육지에 둘러싸였으며 해협으로 대양과 이어져 있는 바다를 의미한다.

그런데 광희가 말한 '아시아양?'은 정답은 아니지만 감각적인 말장난으로 사람들을 즐겁게 한다. 광희같이 유머감각이 있는 아이들에게 5대양이 뭐냐고 물어 보면 '김양, 이양, 박양, 최양, 정양'이라고 대답할 수도 있다. 이렇게 같은 글자나 단어, 또는 동음이의어를 사용하는 유머는 우리가 흔히 접하는 유머로, 아이들도 가장 많이 즐기는 형태다. 바다와 관련한 과학자, 탐험가 등을 이용하여 수업 시간에 다음과 같이 유머를 만들어 보는 활동을 해 보자. 학생들에게 표를 주고 재미있는 질문을 만들어 보게 한다.

탐험가 이름	탐험한 곳	유머 질문
마젤란	지구(일주)	지구가 둥글다는 것을 증명한 꽃은? 마젤난(蘭)
암스트롱	달	달에 가려면 팔이 튼튼해야 한다. 왜?
베링	베링 해협	
쿡	뉴질랜드, 호주, 하와이	
마르코폴로	중국	
바스쿠 다가마	인도	
콜롬버스	아메리카	
아문센	북극, 남극	
정화(鄭和)	동남아시아, 아프리카	
김정호	조선(『대동여지도』)	

지구계의 구성 요소인 수권과 관련한 유머를 인터넷에서 찾으면 '바다'나 '물'이 들어간 유머가 조금 나올 것이다. 물은 토양 및 공기 등 환경 시스템과 함께 지구에서 살아가는 생명체들에게 절대 없어서는 안 되는 중요하고 근본적인 물질로 기후에도 영향을 미친다. 지구상에 존재하는 물은 해양인 염수가 96.5퍼센트이며, 나머지 3.5퍼센트는 육지의 담수로 존재한다. 담수의 약 3분의 1은 지하수로 저장되어 있고, 나머지 3분의 2는 지표의 눈과 얼음(설권)으로 되어 있다. 생물권과 관련된 물은 지구 수권의 0.0001퍼센트를 차지하고 있는데, 실제로 생물권이 대부분 물로 이루어져 있기 때문에 이런 수치는 참 놀랍다. 이로부터 지구에는 상상할 수 없을 정도로 엄청난 양의 물이 존재한다는 것을 알 수 있다.

이렇게 지구상에 있는 엄청난 양의 물 중 사람이 마실 수 있는 물은 몇퍼센트나 될까? 물에 대한 얘기를 하면서 물과 삶의 관계에 대해 생각해 보자.

물은 무엇일까? 공기는 영어로 air, 눈은 snow, 바람은 wind다. 그렇다면 물은? 음식점에서 물은 셀프(self)다. 어떤 음식점에서는 '반찬은 셀프입니다'라고 적어 놨으니, 물=셀프=반찬이 되기도 하겠다. 또 뭐가 셀프일까? 셀프 주유소에 가면 물=기름이 될 수 있구나! 물 보기를 석유 보듯 하는 나라도 있으니 그것도 말이 되네. 석유보다 물이 더 비싼 나라도 있을까?

물은 당연히 아껴 써야 한다. 우리나라도 봄과 가을에 비가 장기간 오지 않으면 농사를 망칠 만큼 물이 부족한 나라다. 일상생활에서 누구나 쉽게 물을 아낄 만한 방법으로는 화장실 변기 수조에 물병을 넣어 두는 것이다. 마실 물이 없으면 변기의 수조 물이라도 마셔야 할까. 해골바가지 속 썩은 물을 마시고 깨달음을 얻었다는 원효대사도 있으니 변기 물 정도야 뭐…….
해외여행 중 음식점에 들어가서 음식을 주문했는데 작은 대접에 물을 가져
다주었다. 더운 여름이라 아무 생각 없이 물을 마시고 나서 보니, 옆자리 손
님들은 거기에 손을 씻고 있었다. 하긴 우리나라에 처음 수세식 변기가 들
어왔을 때 변기 물에 손을 씻은 사람도 많았다고 하니.

학생들에게 산이나 무인도에 가게 될 때 꼭 가지고 가야 할 것 열 가지만
적어 보라고 해 보자. 열 가지를 모두 적었으면 그중에서 다섯 가지를 골라
내라고 한다. 이어 나머지 가운데 세 가지를 골라내게 하고는, 마지막으로
하나만 남겨 보라고 하자. 어떤 것을 남긴 학생이 가장 현명할까? 물이다.
물은 우리 몸에 가장 중요하다. 단식을 하더라도 물은 조금씩 마셔야 한다.

물 한 모금이 왜 소중한지는 사막에 가 보면 안다. 사막은 물이 없어 살 만
한 곳이 못 된다고 생각하는 사람은 부정적인 사람이고, 사막에서는 물이 귀
하니 물을 팔면 큰돈을 벌 수 있겠다고 생각하는 사람은 긍정적인 사람이다.

물은 또 매우 소중한 자원이다. '물'의 많은 부분(96.5퍼센트)을 차지하고 있
는 '바다'(해양) 중에 가장 큰 면적은 태평양(45.9퍼센트)이다. 그러니 세상에서
가장 몸집이 큰 아가씨가 태평양일 수밖에. 태평양에는 지구상에서 수심이
가장 깊은 마리아나 해구(약 1만 1034미터)가 있다. 지구상에서 가장 높은 히
말라야(약 8800미터)와 비교해도 훨씬 더 깊다. 수업 시간에 지구에서 바다가
차지하는 비중이 얼마나 되는지 유머를 사용하여 아이들에게 질문해 보자.

Q: 지구에서 바다의 양은 얼마일까?

A: 5되(오대양이므로)

Q: 바닷물이 짠 이유는?

A: 물고기가 땀나게 헤엄치고 있어서

Q: 바닷가에서는 해도 되는 욕은?

A: 해수욕

Q: 어부가 제일 싫어하는 노래(라면)는?

A: 바다가 육지라면

Q: 펭귄이 나온 추운 중학교는?

A: 냉방중

Q: 펭귄이 다니는 고등학교는?

A: 빙하타고, 냉장고

Q: 펭귄이 다니는 대학교는?

A: 빙하시대

Q: 새우와 고래가 싸우면 누가 이길까?

A: 새우(새우는 깡이고, 고래는 밥이니까)

Q: 제일 차가운 바다는?

A: 썰렁해

Q: 제일 따뜻한 바다는?

A: 사랑해, 열바다(열 받아)

Q: 창에 찔리지 않는 바다는?

A: 창피해

앞에서 이야기한 것처럼 '물'과 '바다'는 우리에게 매우 소중한 자원이다. 인류는 바다를 잘 이용해야 한다. 살아서도 이용하고, 죽어서도 이용해야 한다.

원수가 죽으면 그가 묻힌 무덤 위에서 춤을 추려고 결심한 사람이 있었는데, 하필 그 원수가 바다에 빠져 죽었단다. 어떻게 할까? 흠, 가수 싸이처럼 유람선을 타고 추면 된다.

물질의 구성

이 단원에서는 물질을 구성하는 입자와 관련하여 원소와 원자, 원소 기호, 이온을 다룬다. 물질을 구성하는 원소는 원소 기호로 나타내며, 원소 기호를 사용하여 화합물을 표현한다. 원자에서 전자가 이동하여 이온이 형성됨을 알고, 이온 간의 앙금 반응을 통해 이온의 종류를 알게 한다.

4원소설은 이 세상 모든 물질이 물, 불, 흙, 공기 네 가지로 이루어져 있다는 가설이다. 물, 흙, 공기는 물질이지만 불은 물질이 아닌 에너지다. 활활 타고 있는 촛불이 물질이라니! 촛불이 나왔으니 다음 퀴즈를 내보자. 이 중 일부는 '6. 분자 운동과 상태 변화' 단원에 써도 좋다.

Q: 물과 불이 동시에 작용하는 것은?

A: 촛불

Q: 열 받으면 눈물 흘리는 것은?

A: 양초

Q: 겉으로는 눈물 흘리면서 속 타는 것은?

A: 촛불

화학 하면 뭐니 뭐니 해도 주기율표가 제일이다. 이것을 무작정 외워야 하니 학생들이 화학을 싫어할 수밖에. 주기율표의 원소 기호를 가지고 좀 놀아 보자.

Q: 가장 노래를 잘하는 원소는?

A: 염소, Cl(씨엘, 모르면 공부!)

Q: 삶이란?

A: 리튬과 철, Life

Q: 사자를 세 부분으로 나누면?

A: 학생들은 분명 리튬, 산소, 질소(Lion)라고 대답할 거다. 그러면 이렇게 말해라. 아니, 답은 죽는다

Q: 사람의 몸무게가 가장 많이 나갈 때는?

A: 철들 때

Q: 못 팔고도 돈 번 사람은?

A: 철물점 주인

Q: 이산화탄소 반대말은?

A: 저 산화탄소

Q: 방사선을 제일 많이 내는 가수는?

A: 아이유(나는 우라늄)

Q: 코발트 + 2Fe → 는 무엇일까?

A: 커피(coffee)

다음은 원소 기호를 이용하여 지은 과학 시화인데, 재미있어 소개한다.

내 얼굴 속 화학

추채은

반쯔는 오투(O₂)
이산화탄소는 씨오투(CO₂)
내 얼굴은 테테투

철은 에프이(Fe)
네온은 엔이(Ne)
내 얼굴은 아껴둬

마그네슘은 엠쥐(Mg)
수은은 에이취쥐(Hg)
내 얼굴은 당이 없어

첨 보고 놀래고 달여있었어
화학 하나는 당하지
그런 내 얼굴이 너무 좋아

제8회(2013년) 대한화학회 주관 화학시화대회 동상(고등부),
〈내 얼굴 속 화학〉, 추채은(사직고등학교 2학년)

주기율표로 원소가 무엇인지 겨우 학생들에게 이해시키자마자 이번에는 원자라는 게 나온다. 원소는 물질을 구성하는 원자로 이루어져 있는데, 이 원자가 핵과 전자로 나뉜다. 그러면 핵과 전자가 물질을 구성하는 것 아닌가? 학생들이 화학을 싫어할 만도 하다. 어쨌든 원자는 원자핵과 전자로 구성되어 있다. 핵은 정말 무서운가? 그렇다면 우리나라는 점점 강한 나라가 되고 있다. 대부분 가정이 핵가족이어서.

우리 몸도 물질이고 70퍼센트가 물이니, 우리 몸을 구성하는 가장 많은 원소는 산소와 수소고, 그 산소와 수소 원자가 모두 핵과 전자로 이루어져 있으니 우리 몸 자체가 핵폭탄이 되는 셈이네. 그래서 중학생이 무서운 거구나. 북한이 남침을 못하는 게 중학교 2학년 학생들이 무서워서 그렇다는 말이 근거가 있긴 하구나. 중2병은 호환마마보다 무서운, 에볼라나 메르스보다 훨씬 더 무서운 병!

양이온과 음이온을 설명할 때 가장 쉬운 예는 소금이다. 소금은 염화소듐으로 NaCl이라고 표현하는데, 이것이 물에 녹으면 Na^+와 Cl^-로 나뉜다. 이것을 소듐이온과 염화이온이라 부른다. 그런데 이 두 이온은 이온이 되기 전 중성 물질과는 성질이 매우 다르다. 소듐 고체는 물에 넣으면 폭발하기도 하고, 염소 기체(Cl_2)는 독성이 있다. 소듐 원자가 전자 하나를 잃으면 소듐이온이 되고, 염소 원자가 전자 하나를 얻으면 염화이온이 된다. 전자는 −(마이너스) 전하를 가지고 있기 때문에 소듐이온은 양이온이고 염화이온은 음이온이다. 이렇게 설명을 하고 나면 학생들은 한숨을 쉬고 있을 것이다. 이때 다음과 같은 유머를 들려 주면 그나마 학생들의 지루함을 달랠 수 있다.

Q: 소금의 형은?

A: 대금

Q: 소금을 가장 비싸게 파는 방법은?

A: 소와 금으로 나눠서 판다

Q: 스파게티에 소금을 넣으면?

A: 짜파게티

Q: 소금장수가 좋아하는 사람은?

A: 싱거운 사람

소금이 나왔으니 소금과 비슷한 설탕 얘기를 해 보자.

어떤 회사 여직원이 커피를 타던 중 전화를 받자마자, '예, ○○부서 △△입니다'라고 말하는 대신 뭐라고 했을까? "예, 설탕입니다."

물속에 어떤 이온이 들어 있는지 알기 위해서는 앙금 생성 반응을 이용한다. 예를 들어 염화이온이 들어 있는 수용액에 질산은 수용액을 넣으면 하얀색 염화은 앙금이 생긴다. 즉, 소금물과 설탕물을 구분하려면 질산은을 한 방울씩 떨어뜨려 보면 된다. 앙금 생성 반응은 예쁜 색이 나오기도 하는 실험이어서 중학교에서 많이 한다. 학생들이 실험을 하고 있을 때 교사가 돌아다니다가 앙금이 생성되지 않은 경우를 가리키며 "앙금이 안 생겨요, 유장프"라고 말해 보자.

웃는 학생은 개그콘서트의 '유민상 장가보내기 프로젝트(유장프)' 코너를 아는 학생이다. "(여친이) 안 생겨요!"

9

빛과 파동

이 단원에서는 빛과 파동을 다루는데, 두 가지 모두 사람의 눈과 귀를 통해 들어오는 정보이므로 중요하다. 물체를 보는 원리와 빛의 삼원색, 빛의 합성이 우리 생활과 밀접히 관련됨을 이해하게 한다. 빛의 반사 법칙으로 거울을 설명하고, 빛의 굴절 법칙으로 렌즈의 원리를 이해하게 한다. 또한 파동의 발생과 전파를 다루고 소리가 들리는 과정을 알게 한다.

우리는 항상 무엇인가를 보고 듣는다. 삶의 모든 순간을 온갖 종류의 빛과 소리 속에서 살아간다. 너무 친숙해서 그것이 있다는 것도 잘 모른다. 어느 날 문득 빛이 사라진다면, 소리가 사라진다면, 우리는 비로소 빛과 소리의 존재를 깨닫고 감사하게 될 것이다. 이 단원에서 다룰 빛과 파동(소리)은 우리에게 매우 친숙하지만 과학 교과서에 나오는 빛과 파동은 지루하고 어렵기 그지없다. 우리가 빛과 소리를 느낄 수 있다는 것에 감사하는 마음으로 마음껏 웃으면서 단원을 시작해 보자.

빛과 파동 단원을 학습할 때 떠오르는 대표적인 내용은 빛의 반사다. 반사의 법칙을 가르치기 위해 수업 분위기를 잡기 전 반사말(반대말) 퀴즈로 학생들의 배꼽부터 잡아 보자.

Q: 자가용의 반대말은?

A: 커용

Q: 물고기의 반대말은?

A: 불고기

Q: 미소의 반대말은?

A: 당기소

Q: 경찰서의 반대말은?

A: 경찰 앉아

Q: 아이큐 30이 생각하는 산토끼의 반대말은?

A: 끼토산

Q: 아이큐 80이 생각하는 산토끼의 반대말은?

A: 죽은 토끼

Q: 아이큐 90이 생각하는 산토끼의 반대말은?

A: 집토끼

Q: 아이큐 100이 생각하는 산토끼의 반대말은?

A: 바다 토끼

Q: 아이큐 200이 생각하는 산토끼의 반대말은?

A: 알칼리 토끼

잘만 생각해 보면 생활 주변에서 이런 종류의 유머는 쉽게 만들 수 있다.
이를테면,

Q: 아이유의 반대말은?

A: 커유

Q: 아우디의 반대말은?

A: 형디

이제 나머지는 여러분의 몫이다!

빛의 반사를 가르칠 때 반드시 등장하는 것이 거울이다. 여학생들은 거울에 관심이 많다.

어떤 학생이 거울을 보며 말했다.

"난 얼굴도 못생기고 잘 웃지도 않고 친구들한테 인기도 없어. 도대체 내가 잘하는 건 뭘까?"

놀랍게도 거울이 대답을 했다.

"눈이 좋아. 너 자신에 대해 정확히 볼 줄 아네."

거울을 보면서 자기 얼굴이 못생겼다고 찡그리면 찡그린 못난 얼굴이 보이는 건 당연하다.

거울의 원리는 빛이 반사하여 원래 물체와 앞뒤가 대칭인 모습의 상이 생기는 것이다. 흔히 거울을 보면 좌우가 바뀐다고 하지만, 정확히 말하면 거울 면을 기준으로 앞뒤가 바뀌는 것이다. 그래서 종이에 적힌 글자를 거울 앞에 비추면 앞뒤가 바뀌어 보인다(구급차 앞면의 'AMBULANCE' 글자를 뒤집어 써

놓은 건 앞차 룸미러에 똑바로 보이도록 하기 위해서다). 그러나 글자 옆에 거울을 놓으면 좌우가 대칭이 되므로 좌우가 바뀐 글자가 보인다. 좌우 대칭인 경우는 거울을 놓아도 똑같이 보인다.

우리말 가운데 '다시 갑시다'처럼 좌우가 대칭인 문구가 종종 있다. 거울을 공부하면서 학생들에게 좌우가 똑같은 말 짓기 놀이를 해도 재미있겠다. 인터넷 포털 사이트에서 '앞뒤로 읽어도 똑같은 말'로 검색해서 찾은 말을 거울 앞에서 보는 활동을 해 보자. '여보 안경 안 보여', '건조한 조건', '다 이심전심이다', '다 큰 도라지일지라도 큰다' 등등. 물론 우리말 띄어쓰기 때문에 처음 거꾸로 읽을 때는 자연스럽지 않을 것이다.

빛을 반사하는 거울의 성질과 관련한 유머 하나 더. 학생들이 현대미술 전시회를 갔는데 이상한 모습의 인물화가 많이 걸려 있었다. 그런데 어떤 그림 앞에서 학생 하나가 소리를 질렀다. 그림이 움직인다고. 선생님이 놀라서 소리를 지른 학생에게 달려갔다. 그 그림은 이제 두 사람이 움직이는 그림이 되었다.

하지만 아무리 거울이 좋아도, 사람이 아무리 예뻐도, 아무리 시력이 좋아도 빛이 있어야 볼 수 있다. 물체에서 반사된 빛이 우리 눈에 들어와야 비로소 볼 수 있기 때문이다. 그런데 시각 장애인에게도 빛이 필요할까? 시각 장애인이 어두운 밤에 등불을 들고 걷고 있었다. 왜? 자신은 앞을 볼 수 없으니 등불이 있어도 그만, 없어도 그만이지만, 다른 사람이 자신을 보고 조심해 주기를 바라서. 빛이 있고 시력이 멀쩡해도 남을 배려하고 존중하는 마음이 없다면 세상을 바르게 보지 못한다.

한 사기꾼이 안내견에 의지해 골프를 치고 있는 시각 장애인에게 내기 골프를 치자고 했다. 그런데 시각 장애인이 이겼다. 어떻게 그럴 수 있냐고? 안내견이 인공 지능을 가진 로봇이라 사람으로 변신해 대신 쳐 주었다고? 아니, 마침 그믐날 밤이었고, 골프장 불을 모두 끄고 쳤다.

빛은 모든 사람에게 공평하게 비치는 선물이다. 이 빛에 값을 매길 수 있을까. 많은 관광지는 야경이 더 유명하기도 하다. 야경을 멋지게 꾸미며 돈을 버는 공원이 많다. 모든 불빛이 사라질 때 우리는 비로소 빛의 소중함을 알게 된다. 빛이 있어야 세상을 볼 수 있다는 사실을 깨닫고 감사하게 된다. 이것은 빛 단원을 공부하면서 배울 수 있는 점이기도 하다.

대전광역시에 있는 국립중앙과학관에는 완전히 깜깜한 미로에서 벽만 짚고 빠져나오게 만든 시설이 있다. 빛 한 점 들어오지 않는 암흑 속에서 자신의 감각만을 믿고 미로를 빠져나와야 한다. 두려움과 공포를 등에 달고, 더듬거리며 출구를 찾아 전진하다 보면 저 멀리 어슴푸레하게 빛이 들어오기 시작하는데, 빛이 왜 소중한지 절실하게 다가온다.

SBS TV의 〈SBS 스페셜〉 '유머' 편에 출연한 일본의 한 교수는 고등학교 때 시각과 청각에 이상이 생겨 결국 볼 수도 들을 수도 없게 됐지만 긍정적인 태도를 잃지 않았다고 했다. "나는 해와 눈싸움도 할 수 있어. 내 눈이 선글라스야." 이런 마음이야말로 세상을 바라보는 가장 훌륭한 눈이 아닐까? 이런 마음이 있으면 말이 달라진다.

교사 자신이 대머리라면, 대머리를 유머 소재 삼아 자기소개를 이렇게 할 수 있다.

"살아 있는 조명, 루돌프 머리, 인간 전구, 빛나리 머리, 전망이 밝은 사람, 내 별명으로 어떤 게 제일 좋을까? 별명만 부르지 말고 내 이름 ○○○도 불러 주세요."

물론 이건 자신에게만 해야 하는 유머다. 다른 대머리 선생님을 소개하면서 "선생님이 계셔서 이 자리가 빛이 나네요"라고 하면 안 된다. 그건 유머가 아니라 모독이다. 아흔아홉 살 노인에게 백 살까지 오래오래 사시라고 말하는 것과 비슷한 상황. 상대를 봐 가면서 말해야 한다.

다른 사람을 칭찬할 때도 마찬가지다. 칭찬은 좋은 말이지만 진심이 없는 칭찬은 비아냥이 될 수 있다. 멋진 사진을 보면서 "카메라가 좋아서 사진이 잘 찍혔다"든가, 좋은 음식점에 가서 맛있는 음식을 먹으면서 "좋은 칼로 음식을 해서 맛있다"라고 말하는 건 칭찬이 아니다. 고등학교 교사한테 학생들이 우수해서 좋은 대학에 많이 가는 것이라고 말하는 건 어떨까. 어느 정도는 맞겠지만 그게 다는 아니라고 반박할 것이다.

빛의 분산과 색깔을 가르칠 때 가장 좋은 소재는 무지개다. 뉴턴이 프리즘으로 했던 빛의 분산 실험은 누구나 쉽게 할 수 있으면서 빛의 분산과 색깔의 정체에 대해 가장 확실하게 보여 준다. 이 부분을 가르치면서 RGB(적·녹·청) 혼합 공식만 외우게 하지 말고 난센스 퀴즈로 가볍게 시작해서 '무지개'를 유도해 보자.

Q: 오줌을 잘 싸는 사람은 오줌싸개, 그러면 오줌을 빨리 싸는 사람은?

A: 잽싸게

Q: 배우 최지우가 기르는 개는?

A: 지우개

Q: 고기 먹을 때 따라오는 개는?

A: 이쑤시개

Q: 세상에서 가장 빠른 개는?

A: 번개

이쯤 되면 학생들도 끝말이 '개'로 끝나는 라임(rhyme)이 있다는 것을 눈치 것이다. 이제 본론으로 들어가서 이렇게 시작해 보자.

"그렇다면 세상에서 가장 예쁜 개는?"
"무지개요!"
"네. 오늘은 무지개를 가지고 수업을 시작하겠습니다."

이렇게 분위기가 서서히 달아오르면 본격적인 유머로 아예 굳히기를 해 보자.

"여러분 반응이 뜨거우므로 유머 한 가지 더 하겠습니다. 제목은 '무지개 팬티!'"
사오정이 여친(여자 친구)에게 무지개 색 팬티를 자랑하고 싶었다. 바지를 빠르게 내렸다 올리며 여친에게 봤냐고 물으니 못 봤다고 한다. 한 번 더 했지만 또 못 봤다고 한다. 마지막이라고 말하며 바지를 내렸는데 잘못해서 팬티까지 내렸다 올렸다. 그러자 여친이 봤다고 말했다. 사오정이 의기양양하게 하는 말, "난 그거 일곱 개 있어."

소리를 가르치면서 진폭과 파장, 진동수만 생각하게 할 것이 아니라, 우리 주변에 가득 차 있는 다양한 소리를 먼저 감상하게 하고 시작해 보자. 생각해 보면 우리는 정말 다양한 소리 속에 파묻혀 산다. 그런 소리 중에 사람들이 좋아하는 소리는 뭐니 뭐니 해도 음악이다. 오케스트라 지휘자는 여러 악기의 소리를 섞어서 아름다운 음악을 만든다. 그러니까 젓가락 하나 가지고 소리를 섞는 사람이다. 합창반이나 기악반 활동을 해 보면 지휘자의 젓가락, 곧 지휘봉 움직임 하나하나에 의미가 있다는 것을 알게 된다. 여러 가지 소리가 조화롭게 어울리면 음악이 되고 그렇지 않으면 소음이다.

그런데 소리는 듣는 사람의 마음 상태에 따라 음악이 되기도 하고 소음이 되기도 한다. 어떤 사람에게는 자연이 들려주는 아름다운 음악이지만, 마음의 여유가 없는 사람에게는 시끄러운 소음에 불과할 수 있다. 여름이면 우렁차게 들리는 매미 소리가 그렇다. 왜 매미는 운다고 할까? 노래한다고 하면 안 될까? 우는 게 아니고 웃는 소리라고 생각하면 더 기분 좋을 것이다. 실제로 매미가 맛있는 나무 수액을 빨아 먹으며 소리를 내는 것이다.

최근 우리나라에서 심각한 사회 문제로 떠오른 것 중 하나가 공동주택의 층간 소음이다. 층간 소음으로 사건 사고가 심심치 않게 발생하자 남에게

피해를 주는 소음을 법으로 금지하기에 이르렀다. 소음을 느끼는 것은 주관적이지만, 이것을 법률로 제한하려면 소음 피해를 객관적으로 증명하는 것이 중요하다. 보통은 소리의 세기를 측정해 기준 이상으로 큰 소리가 나면 법으로 규제한다. 중학교 교과서에는 dB(데시벨) 같은 소리 세기 단위가 등장한다.

미국의 일부 주에서는 우리가 보기에는 다소 웃긴 소음 법이 있다. 매사추세츠 주에서는 침실 창문을 닫지 않고 코를 고는 것이 위법이고, 노스캐롤라이나 주에서는 음정에 맞지 않게 노래를 부르는 것도 위법이다. 음치들은 어떡하니?

기권과 우리 생활

이 단원에서는 기권의 특징과 변화를 다룬다.
'기권과 우리 생활' 단원을 지도할 때는 인간의
활동이 기권의 변화와 밀접하게 관련 있고, 또
한 다른 권들과 아주 가깝게 상호 작용하고 있음
을 이해하게 한다. 기권은 우리 생활의 날씨와 이
어진다. 날씨는 기후와 다르다. 날씨는 하루하루 또
는 계절마다 경험하게 되는 구체적인 기상 상태를 말
하며, 기후는 20년 정도 이상의 장기간에 걸친 평균 날
씨를 의미한다. "오늘은 기후가 참 쾌청하군!"이라고 누
군가 말하면 웃을 수 있어야 한다.

유머는 창의성과 매우 관련 깊다. 사실 이 책의 저자들이야말로 가장 창의성을 많이 발휘하는 사람들이다. 새로운 유머만 보면 이것을 어떤 수업 내용과 연결 지을 수 있을지 계속 생각하기 때문이다. 다음의 한 신입 사원 얘기는 '기권과 우리 생활' 단원의 어떤 내용을 다룰 때 언급할 수 있을까? 사장이 신입 사원에게 내일부터 출근하라고 말하자 "해외여행 예약한 날이 내일이라 언제 올지 아직 몰라요. 다음 달 초까지는 어떻게든 스케줄을 맞춰 볼게요"라고 했단다. 사장의 표정을 한번 상상해 보라. 흠, 별로 연결되는 부분이 없기는 한데, '여행'과 '스케줄'이란 단어가 걸린다. 특히 해외여행 스케줄을 짤 때 날씨를 잘 살펴야 한다고 억지로 연결 지어 본다.

기권, 곧 대기권은 지구를 둘러싸고 있는 대기의 범위로 지상에서 약 1000킬로미터까지를 이른다. 밑에서부터 기온이 달라지는 형태를 구분하여 대류권, 성층권, 중간권, 열권으로 분류한다. 기권을 구성하는 공기는 생물에게 필수적이다. 최근 우리나라 공기가 눈에 띄게 나빠지고 있다. 몇 년 전 심하게 오염된 중국의 대기 사진을 보면서 저기서 어떻게 살까 생각했는데 이제는 한국이 그렇게 되어 가는 것 같다. 맑고 깨끗한 공기도 아껴야 하는 것이다. 공기를 아끼는 방법은? 콧구멍을 작게 만드는 성형수술을 하면 되겠다.

공기 오염 하면 뿌연 대기나 스모그만 생각해서는 안 된다. 지구 온난화 같은 전 지구적인 문제까지 생각해야 한다. 인간의 이런저런 활동이 기권의 변화에 영향을 미친다는 사실을 알아야 한다. 인도양의 아름다운 신혼여행지로 유명한 몰디브가 소의 트림이나 방귀 때문에 가라앉고 있다면 믿을 수 있을까. 소의 트림이나 방귀에 들어 있는 메테인(CH_4)은 같은 양의 이산화탄소보다 온실 효과에 21배 큰 영향을 준다고 알려져 있다.

햄버거를 많이 먹어도 기후 변화가 일어날 수 있다. 햄버거에 들어가는 소고기를 얻으려면 소를 많이 키워야 한다. 열대 우림에서 자라는 '카사바'라는 식물 뿌리를 소의 사료로 많이 쓰는데, 열량이 높기 때문이다. 문제는 카사바를 더 많이 심기 위해 열대 우림을 파괴한다는 것이다. 열대 우림이 줄어들면 산소 배출이 줄 뿐 아니라 이산화탄소 소모도 줄어들어 지구 온난화가 더 가속화된다. 몰디브로 신혼여행을 가고 싶다면 햄버거를 먹거나 트림을 하거나 방귀를 뀌지 말지어다.

이 단원과 관련하여 유머를 검색하다 보면 유독 비에 관한 유머가 많이 나온다. 먼저 비를 가지고 웃기는 과학 교사가 되어 보자. 비로 끝나거나 시작하는 말과, 보너스로 말에 대한 퀴즈를 모아 봤다.

Q: 나가수는 '나는 가수다'이다. '나는 가수 비다'를 두 글자로 하면?

A: 나~비(세 글자로 하면? 나비야)

Q: 가수 비의 매니저가 하는 일은?

A: 비만 관리

Q: 지진으로 무너진 집에서 비만 빠져나왔다면?

A: 비만 탈출

Q: 비를 누른 가수는?

A: 클릭비

Q: 비가 어렸을 때 이름은?

A: 아이비

Q: 비를 아냐고 묻는 고기는?

A: 너비아니

Q: 비와 내가 목장에서 소를 세면?

A: 비앤나 소세지

Q: 비가 오면?

A: 우산 펴라!!

Q: 신부님도 목사님도 스님도 모두 싫어하는 비는?

A: 사이비

Q: 관절통 환자가 제일 싫어하는 악기는?

A: 비올라

Q: 여름마다 오는 말은?

A: 장마

Q: 리더십이 엄청난 말은?

A: 카리스마

Q: 엄마 말이 길을 잃으면?

A: 맘마미아

Q: 조폭이 타는 말은?

A: 까불지 마

Q: 마, 자로 끝나는 말은?

A: 야임마, 너임마, 가지마, 오지마, 고구마, 먹지마(도대체 언제적 농담이야!)

의사는 밖을 안 봐도 환자가 안 오면 비가 내리는 것을 알 수 있다고 한다. 유비무환이니까. 말이 안 된다. 말이 안 되지. 그럼 안 되고말고. 남존여비는 무슨 말인지 아는가? 남자가 존재하는 한 여자는 비참하다. 그런데 이것은 정반대 의미로 바꿀 수 있다. 그렇게 바꾼 남존여비는 술자리에서 건배사로 사용하기 좋다.

남: 남자의, 존: 존재 이유는, 여: 여자의, 비: 비위를 맞추기 위해서다!

이런 말도 안 되는 말을 계속 하는 건, 다 '비'가 들어가는 말이라서…….

비가 내리는 것을 좋아하는 사람도 있고, 비 오는 날은 우울해진다고 싫어하는 사람도 있다. 우울한 것보다는 행복하고 긍정적인 생각이 더 좋을 테니, 그렇게 생각하는 데 도움이 되는 이야기를 몇 가지 해 준다.

비가 오면 장사가 잘되는 사람은 우산 장수일까, 소금 장수일까? 둘 다. 우산은 당연히 잘 팔릴 테고, 비가 와서 염전이 젖으면 소금 값이 오를 테니 소금 장수도 돈을 벌겠지. 세차장 주인은 비가 올 때 어떻게 할까? 비 오는 날은 손님이 없으니 아주 행복하게 쉰다. 비가 그치고 나면 몰려올 손님을 예상하면서, 가뭄에 내리는 단비를 보는 농부처럼.

비가 내리려면 먼저 구름이 만들어져야 한다. 기우제는 구름이 만들어지라고 제사 지내는 거다. 미국 인디언이 기우제를 지내면 반드시 비가 온다고 한다. 왜? 비가 올 때까지 기우제를 지내니까.

『서유기』와 「드래곤볼」, 「날아라 슈퍼보드」의 주인공이 타고 다니는 근두운은 하늘에서 땅으로 내려와 빠르게 움직인다. 하지만 이건 만화에서나 가능한 거고, 구름은 땅으로 내려오면 사라지게 된다. 구름은 수증기를 포함한 공기 덩어리가 하늘 높이 상승하면서 온도가 내려가 물방울이나 얼음 알갱이로 변한 것인데, 거꾸로 구름이 땅 가까이 내려오면 온도가 올라가 구름 속 물방울이나 얼음 알갱이가 다시 수증기로 되돌아가며 사라진다. 높은 산에 오르다 보면 구름이 산 중턱을 감싸고 있는데, 이 구름 사이로 들어가 보면 근두운이 거짓이라는 걸 금방 알게 된다.

작은 뭉게구름의 무게는 약 100톤이 넘는다고 한다. 4톤짜리 하마 25마리가 하늘에 떠 있다고 생각해 보라! 말도 안 되는 것 같지만 구름은 상승기

류가 있는 곳에서 만들어지니까 가능한 일이다. 공기 덩어리가 빠르게 상승하면 위로 솟는 구름(적운형 구름)이 만들어지고 느린 속도로 천천히 올라가면 옆으로 퍼진 구름(층운형 구름)이 만들어진다.

천둥, 번개가 치는 것은 적운형 구름이다. 벼락과 번개는 같을까, 다를까? 벼락에 맞아 타다 남은 나무 등걸은 아주 영험한 능력을 가지고 있다는데, 이것은 과학적인 이야기인가? 아니라면 왜? (검증 불가!) 천둥소리와 번개를 무서워하는 학생이 있다면, 천둥과 번개는 하늘에서 내려오는 폭죽이라고 말해 주자. 불꽃놀이 폭죽이 터지는 소리를 바로 밑에서 들으면 천둥소리보다 훨씬 더 크다. 물론 바로 머리 위에서 번개가 치면 그 소리가 엄청나게 커서 다 큰 돼지가 깜짝 놀라 네 발로 동시에 뛰어오를 정도라고 한다.

작은 키가 고민인 학생에게 "넌 키 작아서 좋겠다. 번개 맞을 확률이 낮아서!"라고 하는 건 유머가 아니다. 키 작은 사람이 자신의 키를 소재 삼아 번개 맞을 확률이 낮다고 말하는 것만 웃으면서 들어 줄 만하다.

"나는 키가 작아서 비 올 때 늦게 맞으니까 비를 피할 수 있어."

고기압과 저기압이 상대적인 개념이라는 것을 이해하는 건 어렵다. 우리가 정해진 기준에 따라 생각하고 판단을 내리는 데 너무 익숙해져서 그런가? 고기압과 저기압의 상대 관계를 교실 분위기와 연결 지어 보자. 학급 분위기가 저기압일 때, 오늘 우리 반 기압이 얼마나 되는지 세 자릿수 아무거나 말해 보라고 한다. 486, 764, 802……. 그 숫자에 밀리바(mb)를 붙이고, 그 기압을 고기압으로 만들려면 1밀리바만 더 있으면 된다고 알려 주자. 즉 487밀리바, 765밀리바, 803밀리바는 고기압이다.

지구를 둘러싸고 있는 공기의 밀도가 지역에 따라 다르게 나타나는 것은 태양에서 받는 열량의 차이 때문이다. 어느 지역은 밀도가 높고 어느 지역은 낮다. 공기 밀도가 높은 지역은 기압이 높고, 공기 밀도 낮은 지역은 기압이 낮다. 이렇게 차이 나는 공기 밀도로 인해 고기압인 지역과 저기압인 지역으로 나뉘게 된다.

저기압 내에서는 주위보다 기압이 낮으므로 사방에서 바람이 불어 들어온다. 사방에서 불어오는 바람은 중심 부근에서 상승하여 수킬로미터 상층으로 올라갔다 밖으로 불어 나간다. 여기에 지구의 자전으로 회전하는 힘이 가해지면 공기가 소용돌이치게 된다. 온대 지역에서 발생하는 저기압을 온대 저기압이라고 하며, 열대 지역에서 발생하는 저기압을 열대 저기압이라고 한다. 저기압은 인기가 많은가 보다. 주위에 있는 것이 모두 끌려 들어오니.

바람은 공기의 흐름이다. 고기압에서 저기압으로 이동하는 공기의 흐름이 바람이다. 이렇게 설명하면 너무 딱딱하다.

세상에서 가장 기분 좋은 바람은? 신바람. 그럼 장풍도 바람인가? 오타로 만든 트위터 유머 중 바람과 관련된 게 하나 있다.

'아버지께서 장풍으로 쓰러지셨어요.'

어디가 오타일까? '중풍.'

기발한 문자 오타로 어떤 것이 있는지 학생들에게 말해 보라고 하면 재미있을 것이다.

11

소화·순환·호흡·배설

이 단원은 우리 인체와 직결되는 내용이라 학생들의 흥미가 높고 중요한 단원이다. 초등학교 5~6학년 '우리 몸의 구조와 기능' 단원에서 공부한 기본적인 내용에 덧붙여 중학교에서 좀 더 상세하게 학습한다. 2009 개정 교육과정에 따르면 고등학교에서는 이 단원의 내용을 소화, 순환, 호흡, 배설의 관계를 통합적으로 파악하도록 한정하고 있다. 따라서 초등학교와 중학교 과정에서 우리 몸의 구조와 기능을 체계적이고 재미있게 지도하여 학생들의 이해와 흥미를 높일 필요가 있다.

단원의 내용이 우리가 음식을 먹는 것에서부터 출발하니 유머도 먹는 것으로 시작해 보자.

음식 그리기가 주제였던 미술 시간, 한 아이가 도화지 전체를 까맣게 칠해서 냈다.

학생: 김을 그렸어요.

교사: (도화지를 쫙쫙 찢으며) 그래? 그럼 떡국에 넣어 먹어라!

학생: 안 돼요, 선생님. 뒷면은 하얀색인데요?

교사: 그쪽은 앙드레김이야.

살은 대학 가서 빼면 되니 청소년기에는 부지런히 잘 먹어야 한다. 먹는 만큼 공부도 열심히 하고. 특히 성장기인 중학생 때 편식하지 말고 모든 영양소를 고르게 섭취해야 하는 것은 당연하다. 단백질, 지방, 탄수화물, 비타민, 섬유질, 미량 원소 등등.

키가 갑자기 쑥쑥 자랄 때가 있다. 이때는 자녀가 편식을 하더라도 좋아하는 음식을 많이 먹이라고 하는 의사도 있다. 여러 가지 채소를 가지고 창의적인 판촉 문구를 만들어 보는 활동을 이 단원의 수업에 활용해 보자.

무를 팔 때는 '바람난 무 사절'이라고 써 붙이고, 가지에는 '어이, 싸가지 말고 좀 사 가지!', 당근에는 '이거 어때? 당근 싸고 맛있지!' 이처럼 배추, 오이, 양파, 대파, 쪽파, 브로콜리, 파프리카, 마늘, 상추, 양배추, 시금치, 고추, 호박, 우엉, 고구마, 감자, 샐러리, 죽순, 냉이, 도라지, 고사리 등의 목록을 주면 학생들의 번뜩이는 아이디어가 쏟아져 나올 것이다.

아기 때 먹는 모유가 면역력을 키워 주고 아기와 엄마의 건강에도 좋다는 건 이미 알려진 사실이다. 그런데 사람은 나이에 따라 좋아하고 싫어하는 음식이 조금씩 변한다. 나이가 들면서 몸에 필요한 영양소가 차이 나기 때문이기도 한데, 설날에 나이를 한 살 더 먹어 늙어 감을 아쉬워하는 다음 유머를 활용해 보자.

할머니: 어휴, 금방 또 한 살 더 먹어 늙게 되네. 나이를 안 먹을 수 없나…….
손자: 할머니, 나이 먹기 싫으시면 간단해요! 떡국만 안 먹으면 돼요.

식물은 빛을 이용해 광합성을 하여 영양분을 생성하는 독립 영양 생물이지만, 사람이나 동물은 외부로부터 양분을 섭취해야 하는 종속 영양 생물이다. 종속 영양 생물인 동물들 사이에는 먹고 먹히는 포식자와 피식자 관계가 형성될 수 있음을 설명하면서 만물의 영장이라는 인간과 호랑이 사이의 이야기를 해 보자.

숲에서 굶주린 호랑이를 만났을 때는 살려 달라고 하느님께 기도를 하면 안 된다. 호랑이가 기도를 듣고 따라 하기 때문이다.

"오늘도 일용할 양식을 주셔서 감사드립니다."

물론 이 유머를 할 때는 특정 종교를 비하하거나 칭송하는 것이 아님을 강조한다.

음식을 먹으면 소화를 시켜야 한다. 대표적인 소화 기관인 위를 가르칠 때 사용할 만한 사자성어로는 무엇이 있을까? '위' 자가 들어가는 사자성어를 모아 보면 지록위마(指鹿爲馬), 위기일발(危機一髮), 위편삼절(韋編三絶), 누란지위(累卵之危), 무위도식(無爲徒食), 전화위복(轉禍爲福), 호가호위(狐假虎威) 등이 나온다. 이걸 어떻게 써먹나? 4행시 짓기를 해 보자. 예를 들어,

누: 누워서 계, 란: 란을 먹으면, 지: 지랄 맞게, 위: 위가 나빠진다.

우리나라도 이제 먹고살 만해져서인지 비만이 사회 문제가 되고 있다. 학생들이 '소화' 단원을 배울 때 가장 흥미를 느끼는 질문은, 자신들의 실생활과 밀접한 문제이기도 한 '먹고 싶은 것 실컷 먹으면서 살 안 찌는 방법은

없을까'이다. 그러나 어쩌랴! 살이 찌는 건 몸에 필요한 에너지보다 더 많은 양을 먹었기 때문이니, 먹는 양을 줄이면서 규칙적인 운동을 하든지. 아니면 흡수를 하지 않는 방법도 있다.

소화 효소 중의 하나인 리파아제는 지방을 분해한다. 쓸개는 간에서 생성한 리파아제를 저장하고 쓸개즙을 분비하여 지방의 소화를 돕는다. 그래서 쓸개가 없으면 지방 성분의 음식을 소화하기 힘들다.

쓸개에 이상이 생겨서 쓸개를 떼어 내게 되면 쓸개 빠진 사람이 되고(그런데 주위에 이런 사람이 종종 있다. 저자 중 한 명도 그렇다!), 대장암으로 대장을 제거하면 쫄병이 된다. 대장은 맹장, 결장, 직장으로 구성되는데, 싸움을 잘하는 맹장이 전투에 결장을 하면 직장을 잃게 된다. 직장을 잃게 되면 백수가 된다. 그럼 쓰디쓴 쓸개 빠진 사람은 달콤한 사람이 되는 건가?

이 책 저자 중 한 명은 대학에 입학한 후 수년간 자취를 했다. 식사를 준비할 시간이 없어 아침 굶고 점심 라면, 저녁 라면으로. 그동안 먹은 라면 봉지를 연결하면 지구를 한 바퀴 돌 정도로 지겹게 먹었다. 그런데 군대 가서 일요일 아침에 라면이 나왔는데 어찌나 맛있던지……. 가장 맛있는 라면은 군대에서 힘들게 훈련받고 나서 끓여 먹는 라면이었다고.

Q: 고기가 먹고 싶을 때 먹는 라면은?

A: 소고기 라면

Q: 철분이 강화된 고기를 먹고 싶으면?

A: 쇠고기 라면

'순환' 내용에서는 혈액의 종류와 혈액 순환에 대해 다룬다. 혈액을 학습할 때 피와 관련한 유머를 사용해 보자.

Q: 찔러도 피 한 방울 안 나오는 것은?

A: 마네킹

Q: 달면 뱉고 쓰면 삼키는 사람은?

A: 당뇨병 환자

우리 몸에서 혈액은 면역 기능과 함께 온몸에 양분과 산소를 공급해 주는 배달부 역할을 한다. 청소년기에는 혈액형에 따라 친구들의 성격을 따져 보며 깔깔대기도 한다. 나쁜 피와 좋은 피가 따로 있는 것이 아니라, 그렇게 바라보는 자신의 생각만 있을 뿐이다.

응급환자에게 수혈해 줄 혈액은 항상 부족하지만, 아직 혈액을 인공적으로 만들기는 어렵다. 역시 우리 몸 안을 돌고 있는 자연산 피가 최고! 혈액형에 따른 성격은 과학적으로 입증된 바가 없다는 것을 설명하면서 혈액형으로 학생들의 자존감을 살려 주자.

A형은 사과(apple)처럼 건강하고 원만한 성격, B형은 아름답고(beautiful) 벌(bee)처럼 부지런한 성격, O형은 개방적이고(open) 항상 긍정적인(OK) 성격, AB형은 A형과 B형의 좋은 점을 모두 가진 성격.

A형은 소세지(소심하고 세심하고 지랄 맞은 성격), B형은 오이지(오만하고 이기적이고 지랄 맞은 성격), O형은 단무지(단순하고 무식하고 지랄 맞은 성격), AB형은 지

지지(지랄 맞고 지랄 맞고 지랄 맞은 성격)라는 얘기도 있지만 모든 사람을 비하하는 유머보다 긍정적인 유머가 더 좋다.

혈액 관찰하기 실험을 할 때, 도입 단계에서 쓸 만한 유머로 어떤 것이 있을까.

연못에서 빨강, 검정, 노랑 잉어를 잡았다. 빨강 잉어와 검정 잉어를 해부하니 빨간 피가 나왔다. 그런데 노랑 잉어를 해부하니 어떨 때는 까만 피가 나오기도 하고, 어떨 때는 노란 피가 나오기도 했다. 왜? 노랑 잉어는 단팥 잉어빵 또는 슈크림 잉어빵이니까.

'호흡 기관'의 시작은 코와 입이다. 사람들은 하루에 코를 몇 번이나 후빌까. 콧구멍을 파는 아이에게 "너는 왜 코를 파니?"라고 하면, 십중팔구 콧구멍을 판 적이 없다고 우긴다. 그럴 때는 코를 파지 말라는 말 대신 "너 새끼손가락으로 코 팠지?" 하고 말해 보자. 그러면 아이는 "아니요, 둘째 손가락으로 팠어요"라고 대답할 것이다. 사람이 하루 동안 코를 후빈 시간과 웃는 시간을 비교해 본 연구도 있다. 보통 사람은 평생 코 후비는 시간보다 웃는 시간이 더 적다고 한다. 행복하려면 코는 후비지 말고 유머를 후비자.

웃음은 만병통치약이라고 한다. 어떤 상황에서든 웃으면 뇌에서 엔돌핀이 많이 분비되어 건강에 좋고 주변 분위기도 부드러워진다. 유머를 즐기는 아이들은 사람들에게 호감을 주어 친근감을 느끼게 한다. 곧 유머는 아이들로 하여금 더 좋은 인간관계를 맺도록 도와주는 '가교' 역할을 한다.

가정이나 학교에서 아이들과 함께 유머를 나누며 따뜻한 아이를 만드는 방법을 살펴보자. "엄마가 좋아, 아빠가 좋아?"라는 질문에 영리한 아이라면 "네모난 아이스크림 왼쪽이 맛있어, 오른쪽이 맛있어?" 또는 "왼쪽 다리와 오른쪽 다리 중 어느 다리가 더 소중해?"라고 되물을 거다. 좀 더 영리한 아이는 엄마(아빠)가 물으면 엄마(아빠)가 좋다고 대답을 한다. 그리고 얼마만큼 좋으냐고 물으면 아빠(엄마)만큼 좋다고 말할 것이다.

'배설'에 대해 가르칠 때, 땀샘은 배설 기관에 포함되지 않는다는 것을 유념하면서 다음 질문을 해 보자. 소와 돼지와 물고기 가운데 방귀를 못 뀌는 동물은 뭘까? 답은 예상했겠지만 없다. 모두 방귀를 잘 뀐다. 게다가 맛있는 방귀다. 비프가스, 돈가스, 생선가스.

배설 기관 중 대표적인 게 콩팥이다. 알다시피 콩팥은 우리 몸속에 생긴 불필요한 물질을 걸러내어 배출해 준다(오줌). 아침에 일어나서 바로 화장실에 가는 규칙적인 배변 습관은 건강에 좋다고 한다. 화장실이라……. 우리나라에서 가장 오래된 공중변소는 뭘까? 전봇대. '다 같이 돌자 동네 한 바퀴, 아침 일찍 일어나 동네 한 바퀴.' 아하, 그래서 동네 전봇대를 한 바퀴 도는 거구나.

배설이나 방귀는 자연스러운 현상이다. 사람이 많은 장소에서 방귀를 뀌는 건 냄새 때문에 미안하고 부끄러운 일이지만, 사람이 있든 없든 방귀가 나오기를 애타게 기다리는 사람도 있다. 전신 마취를 하고 복부 수술을 한 환자다. 수술을 한 후 2~3일 안에 방귀가 나오면 수술이 잘 되었다고 하는데, 이는 마취를 하면서 근육 이완제 성분을 함께 투여해 장운동을 최소화

했기 때문으로, 방귀가 나오는 건 장이 정상을 찾았다는 의미다. 배설 내용을 학습할 때는 방귀와 관련한 유머를 사용하면 웃음을 자아내기 좋다.

어떤 여자가 남친과 있는데, 방귀가 나오는 걸 참다 참다 더 이상은 못 참겠다 싶어, "사랑해" 하고 큰 소리로 외치며 방귀를 뀌었다.
그런데 남친이 하는 말, "뭐라고? 방귀 소리 때문에 못 들었어~."

유머로 단순히 웃기려고만 하지 말고 생각을 자유롭게 하도록 강조하자! 생각하는 것은 중요하다. 교육은 사고(事故)치는 것이 아니라 사고(思考)하는 법을 가르치는 것이다.

생각은 생각하면 생각할수록 생각나는 것이 생각이므로 생각을 자주 생각하는 것이 좋다고 생각한다.

물질의 특성

이 단원에서는 물질마다 고유하게 가지고 있
는 특성과 이를 이용한 혼합물의 분리를 다룬
다. 물질은 순수하게 한 종류만으로 이루어진 순
물질과 두 가지 이상의 순물질이 섞여 있는 혼합
물로 분류할 수 있다. 녹는점과 어는점, 끓는점, 밀
도, 용해도 등은 물질마다 고유한 값을 가지므로 물
질의 특성이 된다. 이러한 물질의 특성을 이용한 분리
가 많이 활용됨을 알게 한다.

또 어려운 화학이다. 생활 주변의 사물 가운데 화학 물질이 아닌 게 없다고는 하지만, 일상생활에서 이것의 구성 원소는 무엇이고, 이것은 혼합물이 아닌 순물질이고, 이 물질의 녹는점은 몇 도일 것이다. 이렇게 생각하는 사람이 있을까? 있다면 그는 화학자이거나 정상인이 아닐 게 분명하다. 우리 주변에 있는 여러 물질을 순물질과 혼합물로 구분하는 명확한 기준이나 방법은 무엇일까? 이에 대한 답은 없거나 합의에 이르지 못했다.

못은 순물질인가? 못은 순수한 철로 만든 게 아닐 테니 혼합물인데, 보통 철못은 순물질이라 한다. 많은 합금이 그렇다. 수돗물은 어떤가? 순수한 물(H_2O)을 만들기 위해서는 한 번만 증류해서는 안 된다. 진공 상태에서 여러 번 증류하지 않으면 증류수는 공기 중의 이산화탄소가 녹아 들어간 혼합물이다.

균일 혼합물과 불균일 혼합물의 구분도 문제가 많다. 우유는 현미경으로 확대해서 들여다보았을 때만 불균일 혼합물이라는 것을 알 수 있다. 균일 혼합물로 생각되는 합금은 확대해서 보면 불균일하다. 공기는 균일 혼합물이라고 하지만, 대기도 그런가? 대기를 대류권, 성층권, 중간권, 열권 등으로 구분하면 모두 균일하다고 말하기 어렵다. 학교 교실 안의 공기는 어떠한가? 교실 바닥에 누워 친구의 신발에 코를 대고 있으면 분명 다른 향기가 날 것이다. 교실 안의 공기가 균일하다고 할 수 있을까.

결국 학생들이 순물질과 (균일/불균일) 혼합물을 구분하기 위해서는 이해하는 것이 아니라 외워야 한다. 그러니 화학이 어렵지. 순물질과 혼합물에 대해 얘기하면서 다음과 같은 퀴즈를 내 보자.

Q: 도둑이 가장 좋아하는(또는 싫어하는) 아이스크림 이름은?

A: 보석바(누가바)? 요즘에도 파나? yes!

Q: 도둑이 가장 좋아하는 연예인은?

A: 정보석

Q: 국 끓일 때 된장을 먼저 넣어야 할까, 양념을 먼저 넣어야 할까?

A: 물

Q: 콜라와 마요네즈를 섞으면?

A: 버려야 한다

Q: 참기름에 물을 타면 어떻게 될까?

A: 엄마한테 혼난다

어쨌든 학생들은 우유는 혼합물이라고 외워야 한다. 우유를 마실 때, 컵의 위쪽과 아래쪽 맛의 차이를 안다거나 현미경으로 본 지방질 맛을 따로 구별해 낼 수 있는 사람은 없지만. 요즘은 많은 학생이 형제자매가 별로 없어 외동딸이나 외동아들인 경우가 많다. 예전 형제자매는 많고 먹을 음식은 많지 않던 시절에는 다른 식구 몫을 빼앗아 먹다 부모님께 혼이 나곤 했다. 형 우유를 몰래 먹어 버린 범인(?)을 찾는다고 동생 한 명 한 명을 붙잡고 "네가 먹었지?" 하고 물으면 모두 안 먹었다고 발뺌할 거다. 그렇다면 범인을 찾을 수 있는 화학적 질문은? "우유가 아래쪽이 맛있었어, 위쪽이 맛있었어?"

다이아몬드는 순물질이 아니다. 다이아몬드는 죽은 아몬드니까. 아니, 다이아몬드는 순물질이다. 그렇다면 색깔 있는 다이아몬드는 순물질일까? 다이아몬드는 레드, 핑크, 오렌지, 옐로, 그린, 블루, 브라운, 블랙 여덟 가지 색을 가지고 있다고 한다. 보석의 색은 전이 금속(원소) 등이 불순물로 포함되어 나타나는 것이므로 색깔 있는 다이아몬드는 당연히 혼합물! 하지만 색깔 있는 다이아몬드는 매우 귀하고 더 비싸다.

한 도둑이 친구 도둑에게 유산으로 다이아몬드 반지를 남겨 놓았다. 자신이 죽으면 봉투를 열어 다이아몬드를 찾으라고 했는데, 봉투에서 쪽지 하나가 나왔다.

★★ 아파트 1002동 301호 거실 책장 두 번째 서랍 비닐봉지 안.

우리 주변에 있는 대표적인 혼합물은 공기다. 초등학교 때 이미 산소와 이산화탄소의 성질은 배워서 알고 있고, 질소는 우리나라 대표 먹거리로 알려져 있다. 과자 봉지에 많이 충전되어 있는 대표 간식인 질소. 공기와 산소로 자신의 전공(화학)을 멋지게 소개해 볼까.

A 이게 없으면 사람은 한순간도 살 수 없어요. 하지만 보통 사람들은 이것의 존재를 무시하죠. 이것은 번개가 칠 때 모습을 바꾼 후 땅으로 떨어집니다. 그리고 이것은 땅콩으로도 변하고 고구마로도 변해요. 고구마를 많이 먹으면 이것의 또 다른 모습의 냄새를 맡아 볼 수 있습니다. 저는 이런 것을 좋아해요.

B 이게 없으면 사람은 한순간도 살 수 없어요. 하지만 이게 너무 많아도 죽어요. 금붕어는 여름이 되면 이것과 키스를 하려고 물 위로 올라옵니다. 박하사탕 냄새가 난다고 하지만 실제론 냄새를 맡을 수 없어요. 저는 이것 같은 여자가 되고 싶어요.

답: 저는 보안관이에요. BOAN관. B=O고 A=N. 이건 영어도 아니고 수학도 아니고, 화학이에요. A는 질소고, B는 산소라는 말이에요.

유머는 대인 관계에서 소중한 공기 같은 역할을 한다. 공기가 없으면 어떻게 될까. 대기가 없는 화성에 혼자 남게 된 사람이 주인공인 영화가 있다. 주인공이 화성의 대기에 노출된 순간 얼굴이 부글부글 부풀어 오른다.

일상생활에서는 특수한 경우가 아니면 공기의 존재를 느끼지 못하지만, 사람뿐 아니라 지구상 모든 생명체에게 공기는 삶의 바탕이다. 그런데도 유머로 활용해? 그럼 어때. 우리나라에서는 아직도 유머가 일상화되지 않았지만(앞으로는 일상화될 거다) 외국에서는 유머 없는 사람은 어디서든 환영받지 못한다고 한다.

자연에 존재하는 물질은 대부분 혼합물이다. 인류는 그러한 혼합물에서 순물질을 분리해 내면서 문명을 발달시켜 왔다고 볼 수 있다. 청동기 시대, 철기 시대, 알루미늄 시대, 반도체 시대 등등. 혼합물에서 순물질을 분리하는 방법은 각각의 순물질이 가진 특성을 이용하는 것이므로, 당연하게 물질의 특성에 대해 공부를 해야 한다. 모든 물질은 구성 원소나 입자의 배열 방식이 제각각 다르며, 다른 물질과 구별되는 독특한 특성을 가진다. 마치 사람의 성격이 모두 다른 것처럼. 성격이 개 같은 사람은 그럼 개와 몸의 배열 방식이 같은 건가?

소금의 특성을 모르는 학생은 한 명도 없을 것이다. 소금은 순물질이고 그 물질만의 독특한 특성이 있다고 딱딱하게 말하는 것보다 삶은 달걀을 소금에 찍어 먹는 얘기를 해 주면 바로 알아들을 것이다. 왜? 소금만 먹으면 너무 짜니까. 아! 삶이 너무 싱거우면 소금을 먹어야 하는구나. 삶은 달걀이니까. 군인들의 삶도 싱거울까? 군대에서 유격 훈련을 하다 보면 땀을 너무 많이 흘려서 염분이 빠져나와 위험해지기도 한단다. 그래서 유격 훈련 전에 소금을 한주먹 먹게 하는데(이것도 유격 훈련의 일부), 입에 소금을 왕창 넣고 먹다 오히려 토하기도 한다. 웃음이 아닌 눈물 나오는 얘기군.

물질의 특성에는 밀도, 녹는점과 어는점, 끓는점, 용해도 등이 있다. 녹는점은 어는점과 같다. 단지 고체가 액체 상태로 바뀌는 온도를 녹는점이라

하고, 액체가 고체 상태로 변하는 온도를 어는점이라고 할 뿐이다. 녹는점이 다른 것을 이용하여 물질을 분리하는 예는 찾기 쉽지 않다. 마가린과 소금이 섞여 있을 때 가열하면 마가린만 녹아 분리될 수는 있겠지만, 그 방법보다 물에 소금을 녹여 내는 게 더 빠르다.

아몬드 초콜릿은 당연 불균일 혼합물이다. 초콜릿도 재료 가운데 하나가 우유이니 불균일 혼합물이다. 초콜릿은 아몬드보다 녹는점이 낮다. 그래서 아몬드 초콜릿을 입에 넣고 씹지 않고 있으면 초콜릿은 입안에서 액체 상태로 변하지만 아몬드는 고체 상태 그대로 있다. 녹는점에 따라 혼합물이 분리된 것이다. 이렇게 설명하는 것보다 다음의 상황을 한번 연출해 보자.

❶ 아몬드가 몇 개 들어 있는 작은 통을 준비한다.
❷ 질문에 (성의 없게) 답을 한 학생, 보상을 바라면서 억지로 발표를 하는 학생, 장난을 쳐도 쉽게 웃어넘길 만한 호탕한 학생 등에게 발표를 잘했다고 칭찬하며 통 속 아몬드를 하나 건네주며 말한다.
"아주 잘했어. 이건 특별 보상이야. 지금 바로 먹어."
"꼭 지금 먹어야 해요?"
"응, 지금 먹어야 해. 나도 하나 먹지."(입에 하나 넣는다.)
❸ 학생이 아몬드를 입에 넣고 씹어 먹는 것을 확인한 후, 자기 입에 넣었던 아몬드를 입안에서 이리저리 굴리다 다시 꺼내 상자 속에 달그랑 떨어뜨린다.
❹ 그리고 상자 속 아몬드를 어떻게 모았는지 설명한다.

"내가 이가 안 좋아서 말이야. 아몬드 초콜릿을 사면 초콜릿은 빨아서 먹을 수 있지만 아몬드는 영 씹히질 않아."

⑤ 당연히, 웃음이 모두 잦아든 다음 모든 게 다 설정된 거라고 말하며 찜찜해하는 아이들의 기분을 풀어 준다.

용해도는 용질이 일정량의 용매에 녹는 정도를 말한다. 두 물질이 모든 비율로 잘 섞인다면 용해도는 무한대라고 말할 수 있다. 고등학교에서 배우는 내용이라 수준이 높긴 하지만, 물에 잘 녹는 물질은 '극성(polar)'이라는 것을 이용한 유머가 한때 화학 전공자들 사이에서 히트를 쳤다.

Q: 여름철에는 모기가 물에 아주 잘 녹는다. 왜 그럴까?

A: 모기가 극성이어서.

이것을 좀 더 응용하여, 학생들에게 인기 있는 가수의 야외 공연에 많은 사람이 모여 있는 사진을 보여 주며 "이 사람들 중 몇몇은 비가 오니까 눈물을 흘리며 사르르 녹아 버렸다. 왜 그럴까?"라고 질문할 수 있다. 모인 사람들 중 극성팬이 너무 극성이어서.

용해도와 관련해 우리 생활에서 흔하게 예로 들 수 있는 것이 소금과 설탕 아닐까. 그런데 소금은 과학 교과서에 많이 등장하지만 설탕은 그렇지 않다. 설탕의 용해도는 상상외로 크다. 물의 질량보다 많은 양이 녹아 들어가는데, 이런 경우 물은 더 이상 용매가 아니고, 오히려 설탕이 용매라고 할 수 있다. 그런데 이렇게 용매와 용질을 구분할 때 더 많은 쪽을 용매라고 하는 내용은 중학교 과정에서는 다루지 않는다. 초등학교에서는 설탕이 물에 녹는 빠르기를 실험한다. 설탕은 가루로 되어 있고 표면적이 넓어서 빨리 녹는다. 물론 물에 녹는 빠르기와 용해도는 전혀 관련성이 없지만, 학생들은 빠르게 녹아서 많이 녹는 것이라고 생각하기 쉽다.

설탕과 관련한 가게 이름 짓기도 재미있겠다. "백설탕은 어떤 가게 이름으로 좋을까?"라고 질문을 하며 시작한다. 백설탕 목욕탕에서 목욕을 하면 몸이 하얗게 될까? 목욕탕 이름으로 다이어트 목욕탕은 어떨까? 그 목욕탕에 가서 목욕을 하고 몸무게를 재면 항상 2~3킬로그램가량 적게 나온다. 왜? 저울 눈금을 조정해 놔서.

수업 시간이 남을 때 이렇게 재미있는 가게 이름 등을 인터넷에서 검색해 보는 것도 해 보면 좋다. 서울에서 본 '제누네안경' 집은 아직도 영업을 하고 있을까? 'TV에 한 번도 방영 안 된 집'도 전국 곳곳에 있다. 미스터리 마케팅도 효과가 있는 듯.

일과 에너지 전환

이 단원을 지도할 때는 일상생활에서 경험한 것과 과학 개념의 차이를 명확히 이해하도록 하고, 이를 바탕으로 과학 용어를 잘 사용하도록 지도해야 한다. '일과 에너지 전환' 단원에서 가장 먼저 도입되는 과학 개념은 '일'이다. 과학에서 일은 움직이는 방향으로 힘을 가한 경우만을 인정하므로, 일상생활에서 사람들이 말하는 '일'과 다르다는 것을 강조한다.

우리나라는 학생이나 교사뿐 아니라 모든 사람이 일을 너무 많이 한다. 그런데 일을 많이 하면 행복해질까. 편하게 쉬기 위해 일을 한다면 하루에 해야 할 일 중 10퍼센트만이라도 줄이고 그 시간을 행복하게 쉰다면 50퍼센트 이상 행복해지지 않을까. 왜 50퍼센트냐고? 그럼 100퍼센트로 할까?

맛있는 빵집으로 소문난 곳 가운데 하루에 파는 빵의 양을 정해 놓고 그 이상은 만들지 않는 곳이 있다. 왜? 행복한 빵을 만들기 위해서. 제빵사도 인간인데 새벽부터 밤늦게까지 빵만 만든다면 몇 달 못 가 힘들고 지쳐서 빵을 만드는 게 지겨운 노동밖에 되지 않는다. 자신이 좋아하는 빵을 즐겁고 행복하게 만들기 위해 일정한 양 이상은 만들지 않는 것이다. 제빵사가 하는 일은 빵을 만들고, 파는 것이다.

생활 속에서의 일이란, 이처럼 돈을 벌기 위해 하는 갖가지 직업이나 노동 행위 등을 말한다. 제빵사가 빵을 만들려면 먼저 밀가루로 반죽을 만들어야 한다. 이때 밀대로 밀가루 반죽을 앞뒤로 힘을 주어 밀고 당기기 때문에 과학적으로 일을 한 것이지만, 빵을 파는 행위는 과학에서 말하는 일에 들어가지 않는다. 빵 여러 개를 쟁반에 담아 이동할 때는 힘의 방향과 이동 방향이 서로 달라서 과학적으로 한 일의 양은 0이 된다.

이러한 개념을 바탕으로 학생들에게 빵을 만들고, 배달하고, 파는 행위에서 과학적으로 한 일을 찾도록 하면 학생들은 흥미를 보일 것이다.

국어사전에서 '일'을 찾아보면, 위와 같이 1) 무엇을 이루거나 적절한 대가를 받기 위하여 어떤 장소에서 일정한 시간 동안 몸을 움직이는 것, 2) 어떤 계획과 의도에 따라 이루려고 하는 대상, 3) 어떤 내용을 가진 상황이나 장면을 뜻한다. 다음의 질문을 던져서 세 번째에 해당하는 일의 개념을 알아보자.

Q: 런던 올림픽 펜싱 경기에서 시계가 오작동하면서 오심으로 탈락한 선수가 있는데, 이때 심판이 남은 1초 동안 몇 번 찌르기 공격한 것을 인정했나요?

A: 네 번. 인간이 1초에 네 번 찌르는 것은 불가능하므로 최악의 오심임에 틀림없다. 심판이 정말 일냈네요.

같은 일을 하더라도 효율적으로 빨리 하는 사람과 그렇지 못한 사람이 있다. 하는 일의 양은 같은데 빠르기에서 차이가 나니 어떤 사람이 좋은 일꾼인지 구분할 필요가 있다. 그래서 등장한 개념이 바로 '일률'이다. 일정한 시간에 한 일을 나눈 값이다.

수영장에 있는 물을 모두 비우려면 컵으로 퍼내는 게 빠를까, 바가지로 퍼내는 게 빠를까? 수영장 바닥에 있는 배수 마개를 뽑는 게 빠르다. 수영장 물을 모두 비우는 것은 같은 일이지만, 컵으로 퍼내느냐 바가지로 퍼내느냐에 따라 일의 빠르기가 달라진다. 이때 바가지로 물을 퍼내는 것이 효율적이므로 일률 역시 좋다는 것을 알 수 있다. 하지만 더 좋은 방법은 물이 자동으로 빠져나가는 것이다. 배수구를 통해 물이 빠져나가는 것은 중력의 힘으로 가능하니 굳이 사람이 물을 퍼내는 일을 할 필요가 없다.

사람은 음식을 통해 에너지를 몸속에 축적한다. 그리고 몸의 다양한 기관들을 이용하여 이 에너지를 소모한다. 에너지는 다양한 형태로 발산된다. 근육을 이용하여 운동을 하거나 움직이면 역학적 에너지로 소모된다. 앞의 욕조 예에서 물을 컵이나 바가지로 퍼내는 행동은 에너지를 소모하게 하는 일이다. 화가 나서 소리를 버럭 지르면 소리 에너지로 소모되는데, 만약 몸속 장기들이 움직여서 방귀가 분출되면 이는 어떤 에너지로 소모되는 것일까? 방귀가 가지고 있는 에너지는 다음의 표(130쪽)와 같다. 학생들에게 표를 제시하고 그 이유를 설명해 보라고 할 수 있다.

방귀를 뀔 때 항문에 손을 대면 손에 방귀의 압력이 느껴진다. 이는 운동에너지다. 또 항문과의 마찰로 인해 나오는 소리 에너지가 있다. 방귀는 몸안에서 나오므로 체온과 같은 온도를 지니고 있다. 바로 열에너지로, 대부분 위로 상승한다. 항문이 지표면보다 위에 있으니 위치 에너지를 가지고 있고, 공기의 대류로 인해 상승하게 되면 더 큰 위치 에너지를 가지게 된다.

에너지	이유
화학 에너지	방귀에 불을 붙이면 불이 붙기 때문에 연료와 같은 화학 에너지를 가진다.
운동 에너지	
소리 에너지	
열에너지	
위치 에너지	

에너지는 여러 가지 다른 형태로 전환되지만 전체 양은 변하지 않는다. 이것을 역학적 에너지 보존 법칙이라고 한다. 역학적 에너지가 보존되는 예를 알고 싶다면 소리나 화면이 잘 나오지 않는 TV를 한 대 때리는 것이다. 여기서 어떻게 에너지가 보존될까? 우리 몸에 저장된 화학 에너지가 손을 들어 올리면서 위치 에너지로 저장되고, 이후 TV를 치면서 운동 에너지로 바뀐다. TV를 치는 순간 소리 에너지와 열에너지로 공기 중으로 빠져나가면서, TV 부속이 제자리로 돌아가며 위치 에너지로 저장된다.

생활 속에서 흔히 볼 수 있는 역학적 에너지 보존 현상은 스포츠 활동이다. 특히 빠른 속도로 움직이는 선수가 가진 운동 에너지는 매우 커서, 경기 중 상대방 선수와 충돌하면 크게 다치게 된다. 장대높이뛰기는 학생들이 재미있어하는 스포츠 가운데 하나다. 인터넷에서 장대높이뛰기 선수들이 경기 중 실수를 하는 동영상을 찾아서 보여 주면 즐겁게 웃을 수 있다(예: http://cafe.naver.com/k62tiger/18939).

자극과 반응

이 단원에서는 인간의 감각 기관이 외부 자극을 감지하여 반응을 나타내는 과정을 다룬다. 인체에는 시각, 후각, 청각, 평형 감각, 미각, 피부 감각 등을 체내로 전달하는 감각기가 있어 서로 다른 자극을 감지해 낸다. 뉴런의 구조와 기능을 이해함으로써 감각 기관에서 감지된 자극이 효율적으로 생물의 신경계에 전달되는 과정을 알게 한다. 또한 신체로 전달된 자극이 신경과 호르몬 등을 통해 반응을 나타냄으로써 몸이 여러 가지 환경 변화에 대응하여 일정한 상태를 유지하는 능력인 항상성에 대해 이해하게 한다.

생물은 주위 환경의 변화를 감지하고 그에 대한 반응을 보인다. 생명의 특징 중 하나가 자극에 대한 반응이다. 돌은 바늘로 찔러도 피 한 방울 안 나오니까. 자극이란 일반적으로 환경의 변화를 말한다. 소리가 들린다, 음식이 맛있다, 시다, 달다, 온도가 높다, 낮다, 뜨겁다, 차갑다, 아프다 등등은 우리의 감각 기관을 자극하는 환경의 변화에 따라 발생한다. '자극과 반응' 또는 '항상성 유지' 단원의 수업을 시작할 때 우리 몸의 감각에 대한 이야기로 시작하는 것도 재미있을 것이다.

한 여대생이 도서관에서 공부하는데 뭘 잘못 먹었는지 배 속에서 가스가 부글부글 한다. 도저히 참지 못해 에라 모르겠다 하고는 '부웅 부우웅 부웅 부우웅' 방귀를 뀌었다. 그랬더니 저쪽에서 "저기요, 스마트폰 좀 꺼 주실래요?" 하더란다. 냄새가 전달되는 데는 시간이 필요하지만 소리는 거의 한순간이니까. 그렇다고 이렇게 유머를 과학적으로 설명해 주지는 말자.

무의식적인 반응도 반응일까? 무의식적으로 나오는 반응, 즉 내가 의도하지 않아도 나오는 반응은 훈련된 경우가 많다. 반복된 학습을 통해 그런 행동이 나타나는 것이다. 생물의 행동은 환경의 변화를 감지하고 그에 맞게 반응하는 것으로, 대부분 생존과 밀접한 관계가 있다. 개가 주인을 보면 펄쩍펄쩍 뛰고 격렬하게 꼬리를 흔드는 것도 주위 환경에 반응을 나타내는 행위 중 하나다. 그렇게 행동함으로써 칭찬을 받았거나 음식을 더 얻어먹었던 기억이 쌓이면서 뛰거나 꼬리를 흔드는 행위로 상황에 따른 의사소통을 하게 된 것이다.

유머는 우리 인간에게 어떤 자극을 줄까? 온몸으로 유머를 연기하는 개그맨은 모든 신체기관을 사용해서 유머를 하느라고 매우 피곤하다. 하지만 『수평적 사고』, 『창의력 사전』 등을 쓴 에드워드 드 보노는 "유머는 인간의 두뇌 활동 중 가장 탁월한 활동"이라고 말했다. 피곤해도 가장 훌륭한 활동인 유머를 말하고 듣는 것의 효과는 매우 클 것이다. 유머는 돈이다. 왜? 많이 웃으면 건강해져 병원을 덜 가게 되어 병원비로 나갈 돈이 차곡차곡 쌓이니까.

스타 강사로 유명한 사람들은 청중을 웃겼다 울렸다, 들었다 놨다를 반복한다. 그런 그들에게서 공통점을 찾을 수 있다. 바로 여러 가지 유머와 삶의 교훈 등 수많은 에피소드를 적재적소에 활용하여 강의를 이어 간다는 것이다. 결국 이들에게는 다양한 이야깃거리가 곧 돈이라고 할 수도 있다. 내가 가지고 있는 웃음의 에피소드–재산은 얼마나 되는지 정리해 보자.

좋은 유머는 자신을 낮추고 상대를 높이는 것이다. 당연히 나쁜 유머는 상대방의 약점을 이용하고 조롱하는 것이다. 자신을 낮추다 보면 망가지기도 한다. 망가지지 않더라도, 자신이 했던 실수나 어리숙한 행동은 좋은 유머 소재가 된다. 다음은 이 책 저자 중 한 명의 실제 실수담이다.

학생들과 함께 학교 근처 음식점으로 점심을 먹으러 갔다. 다 먹고 나서 음식점 주인 앞에서 계산을 하면서 학생들에게 이렇게 말했다.
"너무 싸구려를 사 줘서 미안하다!"
그 말을 들은 음식점 주인의 난감해하는 표정이라니……. 앞으로 그 음식점은 못 가겠지?

이제 감각에 대해 알아보자. 사람은 자극을 받아들이는 감각 기관과 그것을 인식하는 중추 기관을 가지고 있다. 감각 기관은 눈, 코, 귀, 입, 피부 등이며 이것들은 감각을 판단하기보다 특정한 자극을 받아들이는 기관이다. 눈은 빛을 감지하고, 코는 기체 상태의 화학 물질을, 입은 액체 상태의 화학 물질을, 귀는 소리를, 피부는 온도 변화와 압력 등을 감지한다. 하지만 이러한 자극을 판단하는 것은 중추 또는 중추 기관이라고 하는 뇌와 척수다. 뇌와 척수는 신경으로 이루어져 있는데, 자극을 판단하고 적절한 반응을 나타내도록 근육에 명령을 보낸다.

치매에 걸리면 자기가 듣고 싶은 말만 듣거나, 이야기를 들어도 바로 그 자리에서 잊어버린다고 한다. 어떤 면에서는 치매 환자가 행복할 수도 있다. 자기에게 좋은 말만 기억한다면. 우리 뇌에는 기억을 관장하는 부분이 있다. 그런데 치매 등으로 뇌세포가 제대로 활동을 못하면 기억이 소실되기도 한다. 치매에 걸리지 않으려면, 고스톱을 열심히 치자! 치매는 암도 극복하게 해 준다. 치매 환자에게 암에 걸려서 몇 달 못 산다고 말해도 그것을 기억하지 못하면 아무 문제가 되지 않을 것 아닌가! 암에 걸렸다고 진단받아도 정신적인 고통을 느끼지 못할 테니, 그것만으로도 다행일 수 있다.

시각과 청각, 생물에 관련된 유머 퀴즈를 그때그때 내 보자.

Q: 걸어 다닐 수 있는 귀는 무엇일까?

A: 당나귀

Q: 칠판을 동전으로 다 가리려고 한다. 동전 몇 개가 필요할까?

A: 2개. 눈만 가리면 됨

Q: 우리 몸에 있는 빨간 괴물로 하얀 돌들을 깨끗하게 닦아 주는 것은?

A: 혀

Q: 잠자리는 곤충류, 사자는 포유류, 고등어는 어류다. 그럼 오징어는?

A: 안주류

Q: 그런데 개구리는 양서류에도 속하고 포유류에도 속한다. 왜?

A: 황소개구리니까

Q: 태조 왕건, 불멸의 이순신, 정도전, 징비록의 공통점은?

A: 새우로 만들었다. 대하 드라마

Q: 물속에 있다 물 밖으로 나오면 태어나고 다시 물에 들어가면 죽는 것은?

A: 소금

Q: 누구나 불로불사할 수 있다. 오래될수록 젊어지는 것은?

A: 사진

Q: 절대로 울면 안 되는 날은 언제일까? 그런데 그날 눈물을 흘릴 수는 있다

A: 중국집 쉬는 날

Q: 이구동성이란?

A: 코 풀면서 방귀 뀌기

우리 몸의 감각 중 눈이 차지하는 비율은 매우 높다. 90퍼센트 이상의 감각을 눈에 의존한다고 해도 과언이 아니다. 가장 간단하면서도 질리지 않는 유머는 말장난이다. 말장난 중 하나. 시각 장애인은 앞이 안 보인다. 그럼 뒤는 보이나? 보통 사람은 뒤를 약간 볼 수 있다. 두 눈으로 볼 수 있는 각도는 분명 180도보다 크니까. 눈에 관련된 말장난 유머 하나 더해 보자.

여러분은 머리를 감을 때 어디서부터 감는가? 윗머리, 옆머리, 아무 데나? 안 감는다고? 모든 사람은 머리를 감을 때 눈부터 감는다. 저기 뒤쪽에 앉아 있는 김○○, 머리 감을 준비하고 있는 것 아니지?

눈은 빛 자극을 감지하는 기관이지만 가끔은 빛이 아닌 다른 자극에 대해서도 반응을 보인다. 이때 빛은 눈에 적합한 자극, 빛 이외의 물리적인 자극은 비적합 자극이라고 한다. 예를 들면 공 같은 물체에 눈을 맞으면 순간적으로 눈앞에 별이 보이는 것과 같은 현상은 비적합 자극에 따른 반응이다. 이것은 시세포가 빛에 따라 반응을 나타낸 것이 아니라 빛 이외의 물리적인 자극이 시세포를 자극해서 나타나는 반응이다.

다음은 귀에 대해 알아보자. 귀는 세 가지 기능을 한다. 첫 번째는 소리에 대한 감각이다. 소리 감각은 음파의 진동을 감지하는 것으로, 내이의 달팽이관에 소리의 진동을 감지하는 부분이 있다. 두 번째 감각은 평형 감각으로 내이의 전정 기관에서 우리 몸의 기울어진 상태를 감지한다. 전정 기관 안에는 이석이라는 것이 있어 우리 몸이 어느 방향으로 기울었는지 감지할 수 있다. 이석증은 이석이 떨어져 나와 엄청난 어지럼증을 느끼는 병이다. 세 번째 감각은 회전 감각으로 내이의 반고리관에서 자극을 감지한다.

수업을 재미있게 하려면 가끔씩 실없이 행동할 필요가 있다. 수업이 지루해질 때쯤 재미있는 유머를 하면 아이들의 주목을 끌고 수업 분위기도 바꿀 수 있다.

보통 감각의 기능이 떨어지면 그것을 보완하기 위해 기구를 사용한다. 귀가 안 들리면 보청기를 끼고, 눈이 나쁘면 안경을 쓰고. 그러면 군인이나 경찰은 왜 모자를 쓸까? 모자 쓴 사람들은 머리가 좀 모자라는군. 머리카락이 모자라. 대머리가 모자를 쓰면 머리카락이 더 잘 빠진다던데. 영어가 잘 들리지 않는 사람에게 필요한 것은 뭘까? 보청기. 영어에 우리말 '듣는다'는 단어로 'hear'와 'listen'이 있다. hear는 소리가 들리는지 여부를 묻는 것이고, listen은 귀 기울여 듣는지를 나타내는 단어다. 아, 우리말은 이 둘을 구분하지 않지!

이제 코에 대해 알아보자. 코를 푸는 것은 콧속에서 지나치게 분비되는 점액을 집중적으로 몸 밖으로 내보내는 과정이다. 코안에 점액이 생기는 것은 호흡 과정을 통해 이물질이 코안으로 많이 들어와 코안 점막을 자극하기 때문이다. 물론 감기 등으로 바이러스가 침입해 코의 기능에 문제가 생겼을 때도 콧물이 난다.

만약 택시 기사를 하게 된다면 손님이 코를 풀 때는 가만히 있자. 술 취한 손님이 휴지에 코를 계속 풀면서 택시 안 이곳저곳에 던지기에 그만 좀 하라고 화를 냈는데, 나중에 보니 5만 원짜리 지폐가 여기저기에 있더라는! 믿거나 말거나.

사람의 눈과 귀, 콧구멍이 두 개인 이유는 뭘까? 귀가 두 개인 건 소리가 어디에서 나는지 그 위치를 파악하기 위해서다. 소리가 나는 위치에 따라 오른쪽 귀와 왼쪽 귀로 들어오는 소리의 시간차가 생긴다. 사람들은 어려서부터 이 시간차를 통해 대략적으로 소리가 앞이나 뒤, 오른쪽 또는 왼쪽에서 난다는 것을 감지해 왔다. 이건 생물학적인 이유이고, 흔히 귀가 두 개인 이유는 한 귀로 듣고 한 귀로 흘려보내야 하기 때문이라고. '마음을 비우라'는 교훈. 그런데 콧구멍은 왜 두 개일까? 코 후비다 손가락이 끼어 숨 막혀 죽지 말라고.

나이가 들면 대부분 사람은 귀가 잘 들리지 않게 된다. 그걸 한탄만 하지 말고 다르게 생각해 보자. 다른 사람의 말을 귀로 듣지 말고 마음으로 듣거나, 아니면 말을 하지 않아도 알아듣거나. 이심전심, 염화미소, 뭐 그런 것 좋잖아? 마음으로 듣는 사람, 마음의 말을 듣는 사람, 참 멋진 말이다. 귀를 통한 감각만 전할 것이 아니라 삶에 귀감이 되는 이야기도 같이 들려줄 수 있다면 좋은 수업이 되지 않을까.

곤충 가운데는 감각 기관이 참 요상한 곳에 있는 녀석도 있다. 나비는 발로 맛을 보고, 귀뚜라미는 다리로 듣는다. 나비는 발에 미각 세포가 있어 발로 맛을 볼 수 있고, 귀뚜라미는 앞다리에 고막이 있어 다리로 소리를 듣는 것이다. 귀뚜라미가 재빠른 이유가 있었군!

우리 몸의 감각에 대해 공부하는 과학 시간에 가장 많이 등장하는 인물이 미국의 사회복지 사업가 헬렌 켈러다. 헬렌 켈러는 태어난 지 얼마 되지 않아 심하게 앓았는데, 그 후유증으로 눈이 보이지 않고, 귀도 들리지 않게 되었다. 여기에 제대로 된 교육을 받지 못해 말까지 못하는 3중의 고통을 겪었지만 설리번 여사의 도움으로 하버드대학교 래드클리프 칼리지를 졸업할 수 있었다. 그녀는 눈과 귀의 감각이 아닌 피부의 감각으로 누가 말해 주지 않아도 문 앞에 누군가 와 있다는 것을 알아채곤 했다는데, 사람이 움직일 때 나타나는 진동을 통해서였다고. 잘 알려져 있다시피 그녀는 전 생애를 언어·청각·시각 장애인을 위해 헌신하고, 희망과 복음을 전해 주었다.

자극의 전달은 신경을 통해서 이루어진다. 신경세포 길이는 수백분의 1센티미터에서부터 발끝에서 척수까지 가느다란 섬유처럼 1미터 이상인 것도 있다. 신경세포는 전기적 신호로 흥분을 전달하는데 이 신경의 흥분 전달 속도는 320km/h이다. 그에 비하면 근육의 반응 속도는 매우 느리다.

말을 더듬는 사람은 뇌의 생각 속도가 너무 빨라 입 근육이 따라가지 못해서일 수도 있다. 목이 짧으면 어떤 좋은 점이 있을까? 음식을 빨리 넘기니까 더 많이 먹을 수 있다. 무엇보다 목이 짧은 사람은 실천력이 뛰어나다. 머리에서 생각한 것이 몸으로 빨리 전달되니까. 신경 전달 속도는 매우 빠른데 짧은 목이 그 차이를 감지하다니, 참 대단하네!

15

전기와 자기

이 단원에서는 전기와 자기에 관련한 현상을 다룬다. 전하를 띤 두 물체 사이에는 인력 또는 척력이란 전기력이 작용한다. 전기 회로에서 옴의 법칙을 사용하여 저항, 전류, 전압 사이의 관계를 알도록 한다. 또한 전류가 흐르는 도선 주위에는 자기장이 생기며, 도선 주위의 자기장이 변하면 도선에 전류가 발생하며, 자기장 속의 도선에 전류가 흐르면 도선에 힘이 작용함을 이해하게 한다.

'전기와 자기' 단원은 눈에 보이지 않는 현상들을 다루기 때문에 학생들이 이해하기 힘들어하는 단원 중 하나다. 또한 사용되는 과학 용어들이 대부분 비슷비슷한 한자어로 되어 있어 더욱 어려워한다. 이때는 먼저 전기 용어와 관련된 내용을 비유와 함께 제시하면 이해하는 데 도움이 될 수 있다. 예로, 전기와 자기 단원에는 '전'씨의 형제들이 많이 나오는데, 이들을 다음(144쪽)과 같은 표로 구분해 보도록 한다.

전기(電氣)를 한자어 뜻대로 풀어 보면 '빠른 기운'이다. 즉, 눈에 보이지 않게 일어나는 현상을 뜻한다. 전기 현상을 일으키는 것은 전하로, 입자의 한 종류인 전자에 꼭 붙어 다닌다. 이렇게 전하를 가진 전자의 흐름을 전류하고 하며, 이 전류를 일으키는 원동력이 전압이다.

전기와 관련한 북한 말을 소개하는 것도 학생들의 흥미를 불러일으킬 수 있다. 북한에서 전구는 불알, 형광등은 긴 불알, 샹들리에는 무리등이라고

용어	비유	뜻
전기	전씨 가족의 아버지	전기 현상을 총칭하는 말
전자	전씨 가족의 큰아들	
전하	전씨 가족의 며느리	
전압	전씨 가족의 둘째 아들	
전류	전씨 가족의 큰딸	

한다. 짧은 유머도 하나 곁들여서.

Q: 감이 전쟁터에서 싸우다 죽으면?

A: 감전사

Q: '애들이 집 안에 있는데 정전이 되었다'를 여섯 자로 하면?

A: 어둠의 자식들

대표적인 전기 기구인 TV와 관련된 유머는 많다. 특히 TV를 즐겨 보는 학생들에겐 소비전력 외에 TV 시청에 따른 긍정적인 면과 부정적인 면을 유머로 이해시키는 것도 좋은 교육이 될 수 있다.

TV의 긍정적인 면을 들라고 하면, 뭐니 뭐니 해도 완벽한 친구 그 자체다. 노래도 잘하고, 춤도 잘 추고, 스포츠도 만능이다. 영화도 많이 보고, 여행도 많이 가고, 애도 봐 주고, 신앙심도 있고, 바둑도 잘 두고, 아는 것도 많고, 무엇보다 유머 감각이 있다. 쇼 프로그램, 스포츠 채널, 영화 채널, 여행 채널, 아동 채널, 종교 채널, 바둑 채널, 다큐 채널, 뉴스 채널, 코미디 채널…… 등 등 없는 게 없으니 이상적인 친구 아닌가? 하지만 금연 다큐를 본다고 해서 금연이 저절로 되는 건 아니다. 차라리 담배 대신 TV 케이블을 끊고 말지.

TV의 부정적인 면은 굳이 말하지 않아도 많이 알고 있다. 특히 TV 홈쇼핑이 등장한 이후 홈쇼핑 중독에 빠진 사람을 심심찮게 볼 수 있다. 홈쇼핑 방송을 보다 보면 안 사는 게 손해라는 기분이 들곤 한다. 그렇게 사다 보면 박스도 채 풀지 않고 구석에 처박아 두는 물건이 하나둘 늘어나지만 지금 아니면 이 가격에 살 수 없다는 쇼 호스트의 말에 혹해 계속 사게 된다.

어떤 사람이 홈쇼핑 방송에 나온 제품을 사려고 전화번호를 눌렀는데 통화 중이더란다. 계속 기다릴 수 없어 전화를 끊었더니 바로 전화기가 울린다. 누군가 하고 전화를 받았지만 아무 소리도 들리지 않는다. 잘못 걸린 전화인가 보다 하고 또 홈쇼핑 방송국에 전화를 했는데 여전히 통화 중이다……. 알고 보니 상품이 매진될까 급한 마음에 자기 집 전화번호를 눌렀던 것이라고.

사람 목소리를 전기를 이용해 전달하는 전기 기구로는 전화기와 녹음기, 스피커, 마이크, 무전기, 휴대 전화 등이 있다. 이 전기 기구들은 소리를 보내는 송신기와 소리를 받는 수신기로 구분할 수 있는데, 송신기의 대표가 마이크고, 수신기의 대표가 스피커다. 그리고 송수신기를 모두 가지고 있는 것이 전화기다. 이 전기 기구들의 작동 원리는 전자기 유도 현상이다. 소리에 따라 마이크 속 흔들리는 얇은 판의 진동이 자석 내에서 움직여 전자기 유도 현상으로 전류를 발생시키고, 이 전류가 흘러서 다시 스피커의 얇은 판에 도달하여 자석 안에서 힘을 받으면, 판이 진동하면서 소리를 재생한다.

다시 말해, 전화기의 송신부에서는 자석에 의해 전류가 발생하는 전자기 유도 현상이, 수신부에서는 자기장 내 도선이 받는 힘에 의한 현상이 일어난다. 이렇게 어려운 전기 개념을 이해시키기 전에 개념 없는 또는 똑똑한 여비서 얘기를 해 주자. 여비서가 다른 일은 잘하는데 전화는 받지 않는다. 왜? 자기한테 오는 전화가 아니어서.

전화기는 전기가 없어도 작동한다. 전자기 유도 현상에 따라 전류가 발생하여 송수신을 가능하게 하기 때문이다. 일반 전화기에 전원을 연결하는 것은 LCD 창의 정보를 읽어 내거나 무선 전화기를 사용하기 위해서다. 따라서 LCD 화면이 없는 전화기는 전원을 연결할 필요가 없다.

사무실에 모르는 남자가 들어왔다. 외판원인 줄 알고 전화 수화기를 들고 아주 바쁜 듯 통화를 하며 손짓으로 나가라고 신호를 했다. 남자는 왜 사무실에 왔을까? 전화를 가설하러. 이 이야기를 해 주면 똑똑한 학생 중 한 명이 전화기는 전원이 없어도 통화가 가능하다고 잘난 척할 수 있다. 여기서 전화 가설이란 전기선을 연결하는 것이 아닌, 전화 회선을 연결하는 것을 말한다.

16

화학 반응에서의
규칙성

이 단원에서는 화학 반응이 일어날 때의 규칙성에 대해 다룬다. 화학 반응에서 양적 관계는 정해진 규칙성을 나타내는데, 이러한 규칙성은 물질이 입자로 이루어져 있기 때문임을 설명할 수 있다. 화학 반응은 원소 기호를 이용해 화학 반응식으로 나타내며, 화학 반응식의 계수 의미를 학생들이 이해하게 한다.

물질의 변화는 물리적 변화와 화학적 변화로 구분할 수 있다. 물리적 변화는 물질의 성질은 변하지 않으면서 물질의 크기나 모양, 상태만 바뀌는 변화를 말하고, 화학적 변화는 어떤 물질이 새로운 물질로 바뀌는 변화를 말한다.

물리적 변화와 화학적 변화는 사람의 특성이 변하는 것에 빗대어 재미있게 설명할 수 있다. 사람의 외형만 변하는 것은 물리적 변화이고 본성이 변하는 것은 화학적 변화라고 말이다. 이에 관한 유머를 직접 만들어 보았다.

어느 날 아버지가 평소 자신의 말을 잘 안 듣는 중학교 3학년 아들에게 용돈을 주며 말했다.

"아들아, 아빠가 용돈을 많이 줄 테니 이제부터 아빠 말 잘 듣는 착한 아들이 될 거지?"

이 말을 들은 아들은 곧바로 아버지에게 말했다.

"알았어요. 그런데 아빠! 전 아직 물리적 변화밖에 이해하지 못했어요."

이 유머를 사용하여 가볍게 수업을 시작하거나 정리해 보는 것은 어떨까.

한국에 온 지 얼마 안 된 외국인이 식당에 갔다. 메뉴판에 칼국수와 공기밥(공 깃밥)이 써 있는 걸 보고는 주문을 받으러 온 직원에게 말했다.

"칼국수에서 국수만 주세요. 그리고 공기 말고 밥만 주세요."

수업 후반부에 이 이야기를 해 준 다음 이것이 물리적 변화와 관련된 것 인지 화학적 변화와 관련된 것인지, 또는 둘 다와 관련되었거나 관련되지 않았는지 분석적으로 생각해 볼 기회를 줄 수 있다.

여기서 칼과 국수가 만나 완전히 새로운 칼국수가 된다면 화학 변화가 맞 다. 그러나 국수는 그대로 있고, 칼은 물체를 자르는 칼이 아니니 엄밀히 말 하면 화학 변화가 아니다. 그렇다고 물질의 크기나 모양, 상태가 달라지는 것도 아니니 물리적 변화 역시 아니다. 물론 공깃밥의 경우도 마찬가지다. 그렇기 때문에 이것을 분석해 보는 활동은 의미가 있을 것이다.

학생들이 직접 물리적 변화나 화학적 변화와 관련된 합성어 만들기 활동 을 해 보는 것도 좋다. 이때 학생들이 물리적 변화나 화학적 변화에 딱 맞아 떨어지는 합성어를 만들 수 있다면 이보다 더 좋을 수 없을 것이다.

"밥을 그렇게 하면 죽도 밥도 안 되고, 누룽지 돼."

이것은 물리적 변화인가, 화학적 변화인가? 일반적으로 화학적 변화가 일어날 때는 반응에 따라 빛과 열이 발생하거나, 색이 변하거나, 기체가 발생하거나, 앙금이 생성되는 경우가 많다. 물론 물리적 변화에서는 이런 현상은 잘 나타나지 않는다.

하나의 반례로, 물이 액체에서 기체로 증발하는 물리적 변화에서는 기체가 발생하기도 한다. 또 조흔색은 광물이 가루가 되었을 때 나타나는 색으로, 광물의 원래 색과 다르게 나타나기도 한다. 광물이 가루가 되는 것은 물리적 변화다. 양초의 연소 반응은 화학적 변화의 대표적인 예인데, 이때 다음(152쪽) 화학 시화를 활용한다면 학생들에게 수업에 좀 더 관심을 가지게 할 수 있을 것이다.

"물건 하나로 방 안을 가득 채울 수 있는 것은?"과 같은 수수께끼를 활용해도 좋다. 정답은 물론 양초다. 깜깜한 방 안에서 양초 하나 켜 놓고 둘러앉아 있었던 경험은 누구나 한 번쯤 있었을 테니 이해하기도 쉬울 테고.

하나의 물질이 두 가지 이상의 물질로 쪼개지거나 두 가지 이상의 물질이 서로 반응하여 새로운 물질로 변하는 반응을 화학 반응이라고 하며, 화학 반응을 통해 화학적 변화가 일어난다. 화학 반응이 일어날 때는 질량 보존의 법칙과 일정 성분비의 법칙과 같은 규칙성이 존재한다. 화학 반응이 일어날 때 반응 전과 후의 전체 질량은 항상 같다는 것이 질량 보존의 법칙이고, 어떤 물질이 다른 물질과 일정한 질량비로 화학 반응하므로 반응 결과

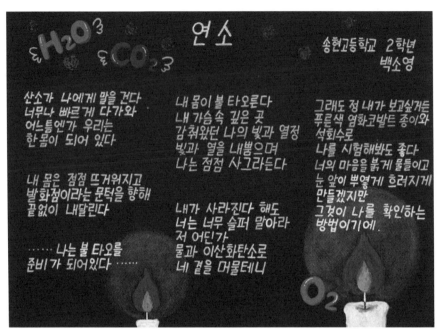

제1회(2006년) 대한화학회 주관 화학시화대회 금상(중등부),
〈연소〉, 백소영(의정부 송현고등학교 2학년)

생성된 물질을 구성하는 원소 사이의 질량비는 항상 일정하다는 것이 일정 성분비의 법칙이다.

두 법칙에 관련된 유머를 찾다가 화학과 관련한 유머가 정말 많지 않다는 것을 다시 한 번 느꼈다. 결국 목마른 놈이 우물 판다는 속담도 있듯이 유머를 직접 만들어 봤다. 학생들에게도 직접 유머를 만들어 보게 하는 것은 어떨까.

설날 아버지가 세뱃돈으로 아들에게는 2만 원을 주고 아들과 같은 학년인 사촌에게는 3만 원을 주었다.

그러자 아들이 아버지에게 애교 섞인 말투로 말했다.

"이건 일정 성분비의 법칙에 어긋나요. 둘 다 같은 학년이니 똑같이 3만 원을 주셔야죠."

아빠가 아들에게 웃으면서 대답했다.

"너하고 쟤는 아주 다른 물질이니, 일정 성분비의 법칙에 어긋나지 않아. 그리고 아버지 지갑의 만 원 개수도 생각해야지."

이 말을 듣고 곰곰이 생각하던 아들이 미소를 지으며 다시 말했다.

"어차피 우린 한가족인데 질량 보존의 법칙도 생각하셔야죠. 그 돈이 그 돈인데……."

아버지는 아들에게 만 원을 흔쾌히 더 주었다.

17

태양계

이 단원에서는 태양계의 천체 가운데 태양, 행성, 달을 다룬다. 태양계 단원을 지도할 때는 일상생활에서의 경험과 과학 개념과의 차이를 명확히 이해하도록 하고, 이를 바탕으로 과학 용어를 잘 사용하도록 학생들을 지도해야 한다. 지구의 크기와 달의 크기 및 둘 사이의 거리 개념을 익히게 한다. 태양은 태양계 내의 유일한 항성임을 알고, 태양의 활동이 지구 자기장 및 인간 생활에 미치는 영향에 대해 이해하게 하며, 육안 및 천체 망원경을 이용하여 천체를 관찰하고 천체 각각의 특징에 대해 알게 한다.

학생들은 공상 과학 영화나 인터넷을 통해 달과 지구의 크기 및 둘 사이 거리에 대해 잘못된 개념을 가지고 있을 수 있다. 일반적으로 생각하는 지구와 달의 크기 및 둘 사이 거리는 대략 다음과 같다.

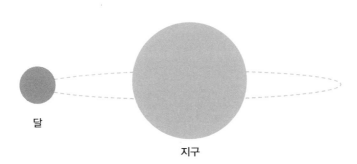

달

지구

하지만 실제 지구와 달이 떨어진 거리와 크기는 대략 아래와 같다.

지구

달

달과 지구 사이는 우주의 관점에서 보았을 때는 가까운 거리이지만 생각보다 멀리 떨어져 있다. 지구의 지름은 약 1만 2800킬로미터, 달의 지름은 약 3476킬로미터로 달의 크기는 지구의 4분의 1가량 된다. 그에 비해 달과 지구 사이 거리는 38만 4000킬로미터로 지구 지름의 30배 정도 된다. 하지만 중학교 과학 교과서에도 잘못된 개념을 심어 줄 수 있는 그림이 많다.

이 단원에서는 지구가 자전과 공전을 하여 나타나는 현상을 설명하기 위해 지구본을 사용한다. 지구본의 자전축이 기울어져 있는 이유를 물으면 학생은 "제가 안 그랬는데요"라고 하고, 교사는 "처음 사 올 때부터 그랬다"고 하며, 교장은 "국산이 다 그렇다"라고 한다는 유머는 고전 중의 고전이다. 지구의 자전축이 공전축에 대하여 23.5도 기울어져 있기 때문에 지구가 태양의 주위를 공전하는 동안 계절이 생기고, 시간이 흐름에 따라 낮과 밤의 길이도 달라진다.

이 단원과 관련하여 유머를 찾아보면 유독 시간과 관련한 이야기가 많이 나온다. 주로 '내일'을 가지고 사기 치는 얘기들이다. 가게 메뉴판에 '내일은 완전 공짜'라거나, '오늘의 메뉴는 새우구이, 내일의 메뉴는 로브스터' 역시 마찬가지다. '내일부터 금연'하겠다는 애연가의 다짐 역시 뻥으로 끝날 확률이 100퍼센트다.

시간을 소재로 하는 유머를 찾아보았다면 한 발 더 나아가 다음과 같은 한자 유머를 만들어 보자. 학생들과 같이 해 보면 더 기상천외한 문제가 나올 수 있다. 학생들에게 수행 평가로 내 보는 것도 좋지 않을까.

多不有時(다불유시)라고 적혀 있는 문이 있었다. '많으면서도 없는(있지 않은) 시간'이라. 도대체 무슨 뜻일까? 별것 아니다. 공중 화장실(water closet, WC), 다불유시. 이처럼 이 단원에 나오는 영어나 한글을 재미있는 한자로 만들어 보자.

한자	원래 말, 뜻
馬亂競(경마장에서 말이 어지럽게 경쟁하는 것은 뭘로 봐야 할까?)	망원경(마난경)
妻狼星(시리우스(낭성, 狼星)의 부인은 누굴까?)	천왕성
( )	타이탄(Titan)
( )	이오(Io)

봄, 여름, 가을, 겨울은 매년 반복되고 1년 12달도 계속된다. 1년 중 뱀과 벌이 한 마리도 없는 달이 있다는데, 언제일까? 11월이다. 11월에는 뱀과 벌이 하나도 없다. 왜? November(노.뱀.벌)이니까! 그렇다면 벌이 엄청 강력한 달은? 12월인 December(디셈벌, 드.센벌). 가장 작은 달은? 6월, June(준). 대학생이 제일 좋아하는 달은? 4월, April(에이프릴, 에이쁠~얼)!

우리나라에서는 더운 여름과 추운 겨울을 모두 경험할 수 있어서 아주 행복하다. 미국 텍사스 주에서 온 사람이 얘기하는데, 그곳에는 계절이 두 개밖에 없다고 한다. 하나는 여름이고, 다른 하나는 'hell'이라고.

다음으로 달의 모양 변화를 가르쳐야 한다. 달은 지구와 가까울 뿐 아니라 크다. 따라서 태양과 지구, 달의 공간 배치에 따라 그 위상도 변한다. 또한 밤하늘에서 가장 밝게 빛난다. 내가 태어난 날에는 어떤 달이 떴을까. 음력 생일을 알면 태어난 날 달의 모양을 알 수 있다. 예로, 음력 생일이 10월 9일이면 상현달이 떴을 테고 4월 26일이라면 왼쪽이 볼록한 그믐달이 떠 있었을 것이다. 이렇게 음력 생일로 그날 달의 모양을 알 수 있는 것은 음력이 바로 달의 모양을 보고 만든 달력이기 때문이다.

양력과 음력 중 어느 것이 더 과학적일까? 양력은 비과학적(미신적이거나 정치적?)이고, 음력이 과학적이라는 주장에 대해서 어떻게 생각하는가? 양력은 사계절을 말해 주기는 하지만, 왜 어떤 달은 30일이고 어떤 달은 31일인지 그 이유를 알고 나면 조금 허무해진다(알고 싶은 사람은 로마 시대로 거슬러 오르길). 조금 더 허무하면서도 피식 웃을 수 있는 유머를 모아 보면 다음과 같다.

Q: 달에 사는 물고기는?

A: 문어

Q: 빅뱅에서 가장 뜨거운 멤버는?

A: 태양

Q: 금세기 지구의 최대 이변은?

A: 태평양(구단)이 현대(구단)로 바뀐 것

Q: 금세기 태양계 최대 이변은?

A: 금성이 LG로 변한 것

Q: 태양계 구조조정의 피해자는?

A: 명왕성

Q: 세월은 약이다. 양력과 음력은 어떤 약?

A: 양약과 한약

Q: 추운 겨울 맨다리에 미니스커트를 입은 여자는 누구인가?

A: 철없는 여자

Q: 보름달이 초승달에게 하는 말은?

A: 뭐가 좋아 웃어?

Q: 해가 달에게 하는 말은?

A: 넌 누구 때문에 빛나니?

몇몇 유머는 교사만 이해하고 학생들은 잘 모를 수 있다. 현대, LG와 관련한 유머는 40~50대나 공감할 것이다. 다음의 유머는 학생들이 태어나서 살아온 세월보다 더 오래전에 나온 유머인데, 요즘 학생들은 어떤 반응을 보일까. 하지만 이야기로 풀어 낼 내용은 많다. 두 사람이 본 것이 해가 아니라 달이라면 지구에서 보이는 모습이 어디서나 항상 같은데, 그 까닭은 지구의 자전 주기와 달의 공전 주기가 같아서 그렇다고 설명해 줄 수 있다.

두 사람이 술을 한잔한 뒤 걷다가 한 사람이 하늘을 보고 말했다.

"이야, 저 달 멋진걸!"

그러자 다른 사람이 말했다.

"달 아니야, 해야."

두 사람은 달이다, 해다 싸우다 지나가는 사람에게 하늘에 떠 있는 게 무엇인지 물었다.

"잘 모르겠네요. 제가 이곳에 처음 와서요……."

너무 썰렁해하면 달에 간 개 얘기를 해주자. 개는 달에서 살 수 없다는데 왜 그럴까? 오줌을 쌀 전봇대가 없어서.

우리 태양계에는 행성 말고도 혜성, 소행성 등 다양한 우주 물질이 같이 공존하고 있다. 그렇다면 행성이 되는 조건은 무엇일까? 나이 든 사람 중에 몇몇은 '수금지화목토천해명'에서 마지막 명왕성이 태양계의 행성 자리에서 퇴출되었다고 하면 의아해하기도 한다. 왜냐하면 그렇게 외웠으니까.

하지만 명왕성은 수성, 금성, 지구, 화성같이 표면이 암석으로 이루어진 '지구형' 행성에도 속하지 못하고, 목성, 토성, 천왕성, 해왕성처럼 가스층으로 덮인 '목성형' 행성에도 속하지 못하는, 얼음으로 이루어진 천체다. 명왕성과 비슷한 공전 궤도에서 명왕성보다 큰 지름이 3000킬로미터나 되는 에리스, 곧 '2003 UB313'이 2003년에 발견되면서 결국 행성의 지위에서 퇴출되어 왜행성으로 분류되었다.

물론 학생들은 명왕성이 행성에서 퇴출되건 말건 별 관심이 없을 수도 있다. 그보다 11월 빼빼로데이에 얼마나 많은 빼빼로를 챙길 수 있을지에 더 관심이 클 수 있다. 빼빼로데이는 1994년 부산의 한 여자 중·고등학교에서 '빼빼로처럼 키가 크고 날씬한 예쁜이가 되자'라며 선물을 주고받은 데서 시작되어 전국적으로 퍼지고, 일본에까지 전해졌다. 이날이 가까워지면 TV에서는 빼빼로 광고가 등장하기 시작하고, 실제 빼빼로 매상도 두 배 정도 늘어난다고 한다. 이와 같이 특정 날짜를 광고 대상으로 삼는 것을 '날짜 마케팅'이라고 한다. 다음과 같은 날짜 마케팅을 얘기하면서 태양과 달, 지구의 움직임에 대해 이야기해 보는 것도 좋겠다.

날짜 마케팅

- 2월 14일 – 밸런타인데이
- 3월 3일 – 삼겹살데이
- 3월 14일 – 화이트데이
- 4월 14일 – 블랙데이: 밸런타인데이와 화이트데이를 혼자 보내야 했던 남녀들이 검은 옷을 입고 자장면을 먹으며 마음을 달래는 날
- 5월 14일 – 로즈데이
- 9월 9일 – 구구데이: 닭고기 먹는 날. 닭의 울음소리인 '구구'(99)에 빗대어 농림부(현 농림축산식품부)에서 닭고기의 소비를 촉진하기 위하여 정한 날

우리 인류가 지구상에서 지금처럼 살고 있는 것은 목성 때문이라는 이야기가 있다. 그 옛날 지구를 지배했던 공룡이 멸종하지 않았다면 우리 인류가 이렇게 번성할 수 있었을까? 공룡이 멸종한 것은 6500만 년 전 소행성이

지구에 충돌하면서 일어난 자연재해와 기후 변화 때문일 수 있는데, 그 소행성은 화성과 목성 사이에 있는 소행성대에서 중력을 이기지 못하고 떨어져 나와 지구에 추락한 것이라고 한다. 그러니 목성에 감사하는 마음을 가지자. 그런데 최근에 공룡이 다시 나타났다고 한다. 영화 〈쥬라기 공원〉에 나온 공룡 렉스의 유명한 친구, 스타렉스. 물론 알렉스도 있고 롤렉스도 있다. 나타났던 공룡이 다시 되돌아간 것은? 렉스턴.

과학을 배우고 가르치면서 논리적이고 이성적인 사고만 강조하지 말고, 자연의 아름다움을 즐기고 감사하는 마음도 함께 누릴 수 있도록 해 주면 어떨까. 이 단원과 관련하여 얘기해 줄 만한 하이쿠(일본 고유의 짧은 형식의 시)가 있다.

축하할 일은/ 올해의 모기에도/ 물렸느니라

- 고바야시 잇사(1763~1827년)

얼마나 놀라운 일인가/ 번개를 보면서도/ 삶이 한순간인 걸 모르다니!

- 마쓰오 바쇼(1644~1694년)

다른 하이쿠들도 검색해 보자.

생식과 발생

이 단원에서는 생물이 세포 분열로 성장하고 번식하는 생명 현상을 다룬다. '생식과 발생' 단원에는 중학교 학생이 특히 호기심을 보이는 내용들이 많다. 무성 생식과 유성 생식의 차이점을 알게 하며, 체세포 분열과 생식 세포 분열의 특징을 염색체의 행동을 중심으로 비교한다. 염색체와 유전자의 관계 및 생식 세포가 만나 형성된 수정란이 발생 과정을 거쳐 개체가 되는 과정을 사람의 발생 과정을 통해 이해함으로써 생명이 연속되는 현상이 신비하고 소중하다는 것을 알게 한다.

무성 생식과 유성 생식의 차이점은? 소리 없이 날로 먹는 것과 소리를 내면서 날로 먹는 것. 이런 유머는 청소년기 아이들에게 다소 민감하게 들릴 수도 있으니 조심해서 다루어야 한다.

생물의 중요한 특징 중 하나는 새끼를 낳는 것이다. 이 새끼가 자라 성체가 되어 새끼를 낳고 언젠가는 죽음에 이른다. 생물이 자손을 얻는 것을 생식이라고 하며, 어린 개체가 성체가 되기까지 자라는 과정을 성장이라고 한다. 무생물에서는 보이지 않는 매우 특이한 현상이다.

사람은 태어나는 것은 자신이 선택할 수 없지만, 어떻게 자라고 어떻게 노화하고 어떻게 죽는지는 자신이 어느 정도 관리를 할 수 있다. 여러분은 어떻게 죽고 싶은가?

죽는 것을 준비하는 것도 잘 사는 방법 중 하나다. 학생들에게 조별로 어떻게 죽고 싶은지 이야기를 해 보고 발표를 하게 한다. 물론 교사도 자신의 이야기를 준비해 두어야 한다.

어떤 남자가 남동생이 교수가 되어 죽게 되었다고 말했다. 왜? 교수형이 되었기 때문. 어떤 사형수는 이렇게 죽고 싶다고 말했다. "곱게 늙어 죽고 싶다." 그리고 한 사람은 전화번호처럼 죽고 싶다고 했다. 998-8314. 99세까지 88하게 살다 3일 만에 死(죽음).

아이는 어떻게 태어날까? 아이는 남녀가 사랑을 한 결과물이다. 중학생이라면 이 정도 사실은 알 것이다. 남자와 여자의 몸속에는 각각 생식 세포인 정자와 난자가 있고, 이 둘이 만나 새로운 개체가 만들어진다. 이러한 생식 방법을 유성 생식이라고 한다. 즉, 유성 생식에서 생식 세포끼리 만나기 위해서는 사건이 일어나야 한다.

"난 네가 지난여름에 한 일을 알고 있다! 넌 소리를 조금 냈지. 그리고 아직 익지도 않은 삼겹살을 마구 먹었지!"

우리나라는 부부 12쌍 가운데 1쌍가량인 8~9퍼센트가 불임이다. 불임(난임)은 1년 동안 임신을 하려고 노력했지만 임신이 되지 않는 경우를 말한다. 불임은 여성이나 남성, 또는 모두에게 원인이 있을 수 있다. 불임의 원인은 한 가지 이상이므로 남성과 여성에게 영향을 미칠 수 있는 모든 요인을 평가해야 한다. 불임은 보통 남성보다 여성에게서 더 많이 나타난다고 한다.

생명 과학을 공부하다 보면 신기한 게 많다. 내용을 알아도 신기하다. 사람은 수정란으로 시작된다. 물론 수정란은 여자의 난자가 남자의 정자와 만남으로써 이루어진다. 수정란은 분열을 계속하여 세포 수를 늘리며, 수정 후 일주일 정도가 되면 모체의 자궁에 착상한다. 임신은 바로 이때부터를 말한다. 수정 후 8주 정도 되면 신체의 거의 모든 기관이 만들어지고 이후에는 크기 생장이 일어난다. 자궁 속에서 아기가 커 가면서 모체의 배는 불룩하게 나온다. 일반적으로 수정 후 266일 후면 모체 밖으로 나오며, 하나의 생명체로 활동을 한다.

이러한 내용을 잘 모른다면 누구에게라도 임신은 정말 신기한 일이다. 몸이 아주 작아져서 다른 사람 몸 안으로 들어가 여행을 한다는 내용의 영화가 있었다. 임신에 대해 모르는 아이들이 그런 영화를 보면 엉뚱하게 상상의 나래를 펼 수도 있다. 닭을 키우는 이유는 닭고기를 먹기 위해서고, 돼지를 키우는 이유는 돼지고기를 먹기 위해서고, 어린이를 키우는 이유는……. 한 인터넷 커뮤니티에 올라온 이야기다. 아이들이라면 아마 임신부는 아이를 통째로 먹었다고 생각하겠지. 그리고 엄마는 아기를 낳고, 할머니는 아빠나 고모 같은 어른을 낳았다고 생각할 수도 있겠다.

아이들은 현재를 중심으로 보는 경향이 있다. 갓 태어난 아이는 3킬로그램 내외로 아주 작지만 이후 부쩍 자라게 된다. 특히 사춘기를 지나면서 몸이 커지고 생식 능력도 생긴다. 어른이 되면 생장이 멈춘다. 생장은 세포 분열과 관계가 깊다. 몸이 크는 것은 세포의 크기가 커지는 것이 아니라 세포 수가 증가하는 것이다.

아빠와 고모도 아기의 모습으로 태어나 자라면서 현재의 모습으로 성장한 것이다. 큰 인물이 많이 태어난다는 고장에 가 보아도 새로 태어나는 인물은 작디작은 아기일 뿐.

사랑의 결과물은 무엇일까? 15년 전에는 없었는데 지금은 버젓이 있는 건 무엇일까? 이 두 문제의 답은 같다. 한 학생을 가리키며 '너 말이야, 너.'

쌍둥이는 보통 같은 날 태어난 아이들을 말하며, 일란성과 이란성이 있다. 일란성 쌍둥이는 하나의 수정란에서 세포가 분열하다가 두 개로 분리되면서 각각 독립된 개체로 생장하여 태어난다. 이 경우 쌍둥이를 이루는 각 세포의 유전자는 하나의 세포에서 출발했으므로 모두 동일하다. 따라서 이들은 유전적으로 같은 정보를 지니고 있다.

그러나 이란성 쌍둥이는 두 개 이상의 난자가 배란되고 이것들이 각각 수정하여 둘 이상의 개체로 생장하여 태어난 것을 말한다. 이란성 쌍둥이는 같은 날에 태어났지만 성이 다를 수 있고, 성격이나 생김새 등도 다를 수 있다. 가수 김흥국이 라디오 생방송에서 쌍둥이에게 물었다. "둘은 몇 살 터울인가요?" 한 살 터울 쌍둥이는 있을 수도 있겠다. 연말연시에 태어났다면.

이 단원에서 간단히 묻고 답할 수 있는 퀴즈는 다음과 같다.

Q: 올챙이는 찬 물에 알을 낳을까, 더운 물에 알을 낳을까?

A: 올챙이 알이 있구나!

Q: 코끼리와 고래가 결혼하여 낳은 말은?

A: 거짓말

Q: 인정 없고 눈물 없는 아버지는?

A: 허수아비

Q: 아무리 멀리 가도 가까운 사람은?

A: 친척

Q: 가장 빠르게 자라는 어류는?

A: 낚시꾼이 잡은 물고기(남에게 자랑하면서 크기가 점점 늘어난다)

Q: 여자가 없으면 돈을 못 버는 사람은?

A: 산부인과 의사

중학생에게 어울릴 것 같지 않은 내용이지만, 상황에 따라 조심해서 사용할 수도 있는 트위터 유머가 있다.

여자 친구의 질문 "생일 선물 뭘 원해?"에 잘못된 답글, "글쎄~ 원하는 거 ㅇ벗어! 근데 넌 생ㅇ리 언제야?"

원하는 건 없고 생일이 언제냐고 물어 보려고 했을 뿐…….

19

여러 가지 화학 반응

이 단원에서는 대표적인 화학 반응인 산과 염
기의 중화 반응과 산화와 환원 반응을 다룬다.
산과 염기의 반응이나 산화와 환원 반응의 다양
한 예를 제시하여 화학이 우리 생활에 유용하게
사용됨을 알게 한다. 더 나아가, 학생들이 화학에
대해 긍정적인 태도를 가질 수 있게 한다.

이 세상에는 화학 반응이 셀 수 없이 많다. 그런데 막상 화학 반응과 관련한 유머를 찾으려고 하면 쉽게 보이지 않는다. 중학교 과학에서는 주로 중화 반응과 산화와 환원 반응만을 다룬다. 화학식만 보여 줘도 머리에 쥐가 나는 아이들에게 산화와 환원 반응을 들이댄다면 아마 기절하지 않을까.

"천릿길도 한 걸음부터"라는 말도 있지 않은가. 원소 기호를 이용한 말 만들기 게임으로 시작하여 학생들에게 친숙하게 다가가 보자. 화학(chemistry)은 이런저런 것을 시도하는 것이다! Chem is try!

• 구리(Cu)와 텔레륨(Te)이 반응하면? 귀엽다! (Cu+Te→CuTe)
• 탄소(C) + 규소(Si) = CSI(과학수사대)

산염기에 대해 가르칠 때는 '산'이라는 단어를 활용해 웃음을 선사할 수 있다. '산'은 살아 있다는 의미의 '산[生]'이나 '산[山]'으로도 쓴다. 또한 사고 필다의 '산'으로도 이용될 수 있다. IQ에 따라 산토끼의 반대말이 달라진다는 우스갯소리가 있다. 즉, 끼토산(IQ 30), 집토끼(IQ 60), 죽은 토끼(IQ 80), 바다 토끼(IQ 100), 판 토끼(IQ 150), 알칼리 토끼(IQ 200) 등 다양한 답이 가능한데, 산과 염기를 배웠다면 당연히 IQ 200의 답을 할 수 있어야 한다고 말해 주면 어떨까. 이와 유사하게 산소(oxygen)의 반대말로 죽은 소를 제시함으로써 가능성을 확장할 수 있다.

산염기라는 용어로 가볍게 몸을 풀었다면, 이제 산화와 환원 반응을 유머와 연관 지어 보자. 먼저 일상생활에서 쉽게 볼 수 있는 화학 반응의 예로 사과 껍질을 깎으면 갈색으로 변하는 갈변 현상을 들 수 있다. 이것은 사과 속의 효소가 공기 중의 산소와 반응하는 산화 반응으로 볼 수 있다.

"이 현상과 관련하여 사과를 숟가락으로 파내면 어떻게 될까?"하는 퀴즈도 가볍게 던질 수 있겠다. 파였다는 것을 몇 번 읊조리면 눈치 빠른 학생들은 곧 정답이 파인애플이라는 것을 안다. 한 숟가락 더 파내면? 더(The) 파인애플, 한 숟가락 더, 좀 더 파인애플, 왕창 파인애플……. 숟가락으로 사과를 파내는 데 사과가 웃으면? 풋사과. 산화와 환원 반응과 관련된 유머 하나 더.

또래에 비해 얼굴이 유난히 맑고 하얀 여학생이 있었다. 그 모습이 무척 부러웠던 까만 얼굴의 여학생이 물었다.

"얘, 너 하얀 얼굴 비결이 뭐니?"

"안 알랴 줌."

"아, 좀 알려 줘."

"(주저하는 목소리로) 실은 나 표백제로 세수해."

까만 얼굴의 여학생은 그날 집에 가자마자 친구가 가르쳐 준 표백제의 양보다 두 배 더 물에 풀고 세수를 한 다음 잠을 잤다. 다음 날 아침에 보니 얼굴이 희게 된 게 아니고 더 까맣게 되어 있었다. 학교에 와서 친구에게 따졌다.

"야, 너 거짓말했지? 내 얼굴 좀 봐. 이게 뭐니?"

"아니야, 제대로 된 거지. 표백제 광고에도 나오잖아. 흰 옷은 더 희게, 색깔 옷은 더 선명하게. 빨래 끝!"

화학 교과서에서 생활 속 화학의 소재로 자주 소개하는 것 가운데 하나가 바로 에어백이다. 에어백은 다음과 같은 반응식(실제로는 좀 더 복잡한 다단계 반응식이다)처럼 아지트화소듐(NaN_3)이 분해될 때 발생하는 질소 기체를 통해 충격을 흡수하는 장치다.

$$2NaN_3(s) \rightarrow 2Na(s) + 3N_2(g)$$

아지트화소듐　　소듐　　질소

에어백의 원리를 소개해 주면서 유머도 함께 제시한다면 금상첨화겠지.

남편이 퇴근하면서 좋은 소식과 나쁜 소식이 있는데 좋은 소식만 말해 주겠다고 했다. 얼마 전 산 중고 자동차의 에어백이 고장 난 게 아니라는 걸 알았다고. 에어백은 한번 터지면 새로 갈아야 한다. 그럼 나쁜 소식은…….

모든 화학 반응은 화학 반응식으로 나타낼 수 있다. 칼슘과 질산이 반응하면 어떤 물질이 생성될까? 그리고 이것을 화학 반응식으로 나타내려면 어떻게 해야 할까?

이 반응이 실제로 일어나는지에 대해서는 논외로 하고, 화학 반응에 능숙한 학생들은 질산칼슘[$Ca(NO_3)_2$]과 수소 기체가 생성된다고 예측할 것이다(실제 반응은 질산과 수산화칼슘을 통해 많이 진행된다). 그렇다면 다음의 화학 반응식은 어떤가? 원소 기호를 무시하고 알파벳만을 생각한다면 나름대로 창의적인 반응식이 될 수 있지 않을까. 이게 무슨 유머냐고? 질량 보존의 법칙이 아니라 알파벳 보존의 법칙. a가 C에서 N으로 옮겨갔군.

$$2Ca \ + \ 2HNO_3 \ \rightarrow \ 2NaCO_3 + H_2$$

지금까지 화학 반응과 관련된 유머들을 살펴보았다. 다른 단원에 비해 관련된 유머가 그리 많지는 않지만, 우리 주변에서 일어나는 화학 반응들을 관심 있게 살펴본다면 연결 고리를 잘 찾을 수 있지 않을까. 날마다 접하는 화학 반응 중 하나가 바로 요리다. 원숭이를 불에 구우면, 구운몽이 되는 것처럼 말이다.

유전과 진화

이 단원에서는 부모의 형질이 자손에게 전달되는 유전 현상과 생물의 다양성이 생물의 진화와 관련되어 있음을 다룬다. 멘델의 법칙과 같은 유전의 기본 원리를 이해하게 하고, 다양한 생물의 공통점과 차이점을 찾아 기준에 따라 분류해 보도록 한다.

유전은 어떻게 일어날까? 유전 이론은 형질이 어떻게 나타나는가, 형질이 어떻게 부모에게서 자손에게 전달되는가를 설명해 준다. 이러한 근대적 의미의 유전 이론을 처음으로 제안한 사람이 바로 멘델이다. 멘델은 생물의 형질은 그것을 나타나게 하는 인자(유전자)가 있어야 한다고 설명했다. 형질을 나타내는 인자는 각각 두 개이며, 생식 세포에 그 두 개 중 한 개씩 들어가 자손에게 전달된다. 따라서 자녀는 공평하게 아버지와 어머니의 유전자 한 개씩을 물려받게 되는 것이다.

언제부터인가 인기 있는 드라마는 이른바 '막장 드라마'로, 심심해지면 탄생의 비밀이 얽히고설켜서 나온다. 딸이 남자 친구를 데리고 왔는데 알고 보니 이복오빠여서 실망하는 찰나, 엄마가 몰래 딸에게 속삭인다.

"괜찮아, 넌 아빠 딸 아냐."

사람의 유전자는 염색체에 존재한다. 염색체는 체세포에 쌍으로 존재하며, 사람은 23쌍으로 46개의 유전자를 가지고 있다. 생식 세포가 만들어질 때 쌍을 이루던 염색체가 분리되며, 23개씩의 염색체가 들어가 자손에게 전달된다. 남자의 생식 기관에서는 정자, 여자의 생식 기관에서는 난자라는 생식 세포를 만든다. 정자와 난자가 결합하여 만들어진 수정란이 개체의 시작이다. 수정란에는 23쌍인 46개의 염색체가 있으며, 이 염색체들은 각각 부모에게서 왔기 때문에 부모의 특징을 고스란히 나타낸다.

만약 자신이 부모를 하나도 닮지 않았다면 누구를 의심해야 할까. 성형외과 의사다. 엄마 아빠가 모두 성형을 했을 수도 있으니까. 그런데 부모와 닮은 자식을 왜 하필 붕어빵이라고 부를까. 똑같이 만들어지는 것은 붕어빵 말고도 호두과자, 찐빵, 땅콩빵, 도장, 만두 등 셀 수 없이 많은데…….

우리가 아는 유전의 원리에 따라 자식은 부모의 유전자를 모두 받아 어머니의 특징과 아버지의 특징을 가지고 태어난다. 그러나 이러한 특징이 모두 나타나지는 않는다. 잘 나타나는 형질이 있고, 잘 나타나지 않는 형질이 있다. 부모와 닮은 부분을 찾기 어려운 사람은 치아 모양을 살펴보자. 분명 부모님 중 어느 한 분과 비슷할 거다. 안 그러면 이번엔 치과 의사를 의심하면 된다. 자신이 못생겼다고 투덜대는 사람에게는 이렇게 얘기해 줄 수 있다.

"네가 못생긴 건 네 탓이야. 네가 애기였을 때는 모두 예쁘다고 했어!"

단, 여학생에게는 말하지 말자.

생물 형질의 유전은 자손이 태어나자마자 나타나는 것은 아니다. 완두콩의 둥글거나 주름진 모양의 형질이 유전되는 것을 보자. 다음 형질에 나타나는 것을 보려면 콩을 심은 다음, 그 콩이 자라서 어떤 모양의 콩들을 남기는지 보아야 한다. 헌팅턴병이라는 유전병이 있는데 이 유전병은 30, 40대에 그 특징이 나타난다.

짱구머리는 확실히 유전되는 것 같다. 머리를 위에서 내려다보면 동양인과 서양인의 모양이 다르다. 외국에서 파는 아동용 카우보이 모자는 동양 아이 머리에는 잘 들어가지 않는다. 동양인에게는 동양인의 특징을 나타내는 유전자가 있고, 서양인에게는 서양인의 특징을 나타내는 유전자가 있어 서로 다른 모습으로 태어난다. 골격의 구조도 유전적 특성을 나타낸다. 서양인은 얼굴 모양에 굴곡이 많고, 동양인의 얼굴이 납작한 것 역시 유전자 때문이다. 그럼 짱구는 서양인의 피가 섞인 것일까.

Q: 천재 남편과 백치 아내 사이에서 태어난 아이는?

A: 갓난아이

천재이지만 못생긴 남자와 백치이지만 예쁜 여자 사이에 태어난 아이는 어떤 모습일까. 천재이면서 예쁜 얼굴을 가진 아이일까, 아니면 백치이면서 못생긴 아이일까. 이 둘 모두 가능한 조합이다. 유전은 부모의 특징을 자식에게 전달해 주는 것이므로, 부모가 원하든 원하지 않든 자식은 부모의 모습을 닮게 되어 있다.

Q: 너는 엄마하고 아빠 중 누굴 닮아서 그렇게 예뻐?

A: 할머니요.

사람이 가지고 있는 특징 역시 부모에게서 받는다. 즉, 어머니에게서 받은 특징과 아버지에게서 받은 특징 둘 다 가지고 있지만, 그중에서 하나의 특징만 나타나는 것이다. 아이가 예쁜 것은 어머니의 특징일 수도 있고, 아버지의 특징이 나타난 것일 수도 있다. 부모와 다른 특징이 나타날 수도 있다. 다시 말해 할머니, 할아버지의 특징이 그 자식 세대에서는 나타나지 않다가 손주 세대에서 나타날 수도 있다.

진화에 대해 새뮤얼 윌버포스 주교와 과학자 헉슬리가 벌인 논쟁이 유명한 일화로 전해 오고 있다. 윌버포스는 "원숭이를 조상으로 믿는다면 그 원숭이는 할아버지 쪽입니까, 할머니 쪽입니까?"라고 공격했고, 헉슬리는 "조상이 원숭이라는 게 그렇게 부끄러운가요? 과학에 대해 모르면서 고집만 부리는 인간이 조상이라는 게 훨씬 더 부끄러운 것 같은데요"라고 받아쳤다. 진화론을 창시한 다윈은 이런 말을 했다.

"자신의 잘못을 고치는 것이 바로 위대한 진화다."

하지만 잘못 보낸 문자는 고치기 어렵다.

"여보, 집에 오기 전에 진화하고 와요."

진화를 통해 다양하게 분화된 생물을 이해하는 방법 중 하나가 분류다. 학생들에게 다양한 생물의 공통점과 차이점을 찾아내고, 기준에 따라 분류해 보도록 한다. 생물을 분류하는 기준과 목적은 무엇일까. 자기만 아는 기준으로 분류를 할 경우 생기는 문제점과 관련하여 다음 이야기를 해 주자.

기준을 정해서 다양한 생물을 공통의 성질을 가진 것끼리 묶는 것을 생물의 분류라고 한다. 예를 들면 잠자리는 제비와 다르다. 잠자리는 곤충류고 제비는 조류다. 그럼 악어는? 파충류. 원숭이는? 포유류. 금붕어는? 어류. 그렇다면, 오징어는? (바로 말해 주지 말고 조금 기다린 후) 안주류!

　이와 같이 자기만의 재미있는 분류의 예를 찾아보자.

　개구리는 어디에 속할까? 양서류가 아니라 포유류다. 왜냐고? 황소개구리이니까.

외권과 우주 개발

이 단원에서는 별의 특징, 별까지의 거리, 우
주 개발에 대해 다룬다. '외권과 우주 개발' 단
원을 통해 학생들이 우주에 대한 흥미와 호기심
을 갖도록 한다. 별까지의 거리에 따라 그 거리를
측정하는 방법이 다르며, 별의 밝기와 등급, 색과
온도의 관계를 알게 한다. 다양한 은하의 모양, 우리
은하의 모양과 크기, 우리 은하를 구성하는 천체의
종류를 알게 한다. 또한 우주는 팽창하고 있음을 근거
를 통해 이해하게 한다. 우주 개발의 목적과 우주 탐사
의 역사 및 우주 개발로 인한 영향과 문제점을 알게 한다.

별과 은하, 우주는 실로 광대하여 무한하다고까지 생각할 수 있다. 별과 별 사이 거리를 말할 때 기본 단위 가운데 하나로 사용하는 광년은 빛이 1년 동안 초속 30만 킬로미터의 속도로 나아가는 거리로 9조 4670억 7782만 킬로미터다. 1파섹(pc)은 연주 시차가 1초일 때 이에 해당하는 거리로 3.086×1013킬로미터, 곧 20만 6265천문단위(Au)로 3.26광년에 해당한다. 우리 은하와 가장 가까운 안드로메다 은하는 250만 광년 떨어져 있다.

별이나 우주의 나이는 정확하지 않지만 대폭발설(빅뱅설)에 따르면 140억 년 전 우주는 폭발을 했다. 지구의 나이, 우주의 나이 등을 생각하면 사람의 일생은 참 보잘것없다. 사람이 오래 살면 어떻게 될까? 죽지 않게 된다. 이런 유머만 하는 나는 내년에는 어떻게 될까? 한 살 더 먹는다.

하늘의 별은 천구에 고정된 것처럼 보이지만 계절에 따라 주기적으로 바뀐다. 따라서 동서양에서 모두 밤하늘의 별을 이어 별자리를 만들고 그것에 자신의 운세나 성격을 가늠하는 점성술이 발전했다. 오늘날에도 별자리 운세, 별지리별 성격, 별자리 궁합 등을 이용하고 있다. 별자리 관찰은 특히 여름 캠프에서 많이 한다.

여름밤 별을 바라보면서 흔히 하는 유머 중 하나.

두 사람이 밤에 캠핑장에서 자다 눈을 뜨니 수많은 별이 보였다. 한 사람이 저 하늘의 별은 무엇을 뜻하는 것 같으냐고 물었다. 다른 사람이 저렇게 많은 행성 중에 지구에서 태어난 것은 행운이라고 하면서, 기상학적으로는 대기 중에 먼지가 없어 별이 잘 보이는 것이라고 말했다.

그러자 처음 질문했던 사람의 말, "저 별은 누가 우리 천막을 훔쳐 갔다는 걸 뜻해. 아님 바람에 날아갔거나."

이 유머는 아류가 참 많다. 처음 질문한 사람은 셜록 홈스고 나머지 한 사람은 홈스의 단짝 왓슨으로 소개되기도 한다.

좀 더 썰렁하고 시원한 유머가 필요하면 별 중의 별, 별의 왕이 되고 싶었던 사오정 얘기를 해주자. 소원을 빌라는 말에 사오정은 왕도 되고 싶고 별도 되고 싶다고 했다가 스타킹이 되었다는 얘기다. 이와 같은 말장난 유머는 연습을 할수록 는다. 별을 가지고 말장난을 해 보자. 답만 있는 경우 학생들에게 직접 질문을 만들어 보게 한다.

Q: 대령, 중령, 소령이 좋아하는 노래는?

A: 저 별은 나의 별

Q: 도둑이 가장 좋아하는 노래는?

A: 모두 잠든 후에

Q: 별 중에 슬픈 별은?

A: 사별, 고별, 작별, 송별

Q: 별이 가지고 있는 별은?

A: 별의별

Q: 싫어하는 여친에게 따 주는 별은?

A: 결별, 이별

Q: 가장 무서운 별은?

A: 살별(혜성, 꼬리별)

Q: (_____)

A: 별장

Q: (_____)

A: 별똥별

Q: (_____)

A: 꼬마별(북한 용어, 어두운 별)

Q: (_____)

A: 별그대(별에서 온 그대)

북두칠성의 꼬리 쪽 두 번째 별은 자세히 보면 두 개의 별, 곧 미자르(Mizar)와 알코르(Alcor)로 이루어져 있는데, 고대 로마에서는 군인을 뽑을 때 시력 검사로 그 별을 볼 수 있는지 물어 보았다고 한다.

시력이 좋지 않거나 대기 오염이나 밝은 빛 때문에 별을 잘 볼 수 없는 곳에서는 미자르와 알코르를 보기 힘들지만, 그래도 반짝이는 별들을 보면서 자신의 미래를 설계해 보라고 권해 보자.

우리가 맨눈으로 볼 수 있는 별은 대략 3000개 정도라고 한다. 우주에는 별이 몇 개나 있을까? 은하만 약 1000억 개, 하나의 은하에는 수백억 개의 별이 있고, 별은 계속 태어나고 죽는다고 하는데, 어쨌든 엄청난 수의 별이 있는 것만은 부인할 수 없다.

그런데 별의 개수는 반별로 조금씩 달라진다. 반짝이는 눈으로 교사를 바라보는 학생 수가 반마다 다르니까.

"너의 아버지는 도둑님이시지? 하늘에서 별을 훔쳐 네 눈을 만드셨네."

단, 학생들한테는 작업을 걸면 안 된다.

우주 개발은 1957년 소련이 인공위성 스푸트니크를 최초로 쏘아 올리자 미국이 미국 국립 항공 우주국(NASA)을 설립하면서 경쟁적으로 이루어졌다. 1969년에는 팔 힘이 엄청 센 암스트롱(Neil Armstrong)과 나이가 많은 올드린(Edwin Aldrin)을 태운 미국 우주선이 달에 착륙했다.

그런데 이런 우주 개발 경쟁은 엄청난 돈이 들어가 국민의 생활을 어렵게 한다는 비판을 받았고, 냉전 시대가 끝나자 소련과 미국의 우주 개발 경쟁도 시들해졌다. 그 대신 여러 나라가 실용 목적의 인공위성을 경쟁적으로 발사하고 있다.

우주선을 제작하고 발사하고 유지하는 데는 천문학적인 비용이 들어간다. NASA에서 2003년에 발사한 화성 탐사 로봇 '오퍼튜니티(Opportunity)'는 지금까지(2015년 12월 현재) 화성에서 여러 임무를 수행하고 있는데, 여기에 들어가는 비용이 1년에 1400만 달러(약 162억여 원)라고.

무중력 상태의 우주선에서는 볼펜을 쓰지 못한다. NASA에서 우주선에서 쓸 수 있는 볼펜을 개발하는 데 투자한 비용만 120만 달러(약 13억여 원)였다. 연필을 쓰면 안 될까? 연필심이 부러지면 문제가 될 수도 있지만, 부러지지 않게 튼튼하게 만들면 되지. 생각을 달리하면 돈을 벌 수 있다.

과학과 인류 문명

이 단원은 과학-기술-사회(STS)와 환경 교육, 융합 인재 교육(STEAM)을 반영한 단원이다. 즉, 새로운 과학 개념이나 원리를 학습하기 위한 단원이 아니라, 학생 스스로 과학과 기술, 사회, 공학, 수학, 예술, 환경 사이의 관련성을 생각해 볼 수 있는 기회를 제공하기 위한 단원이다.

어떤 과학 교과서에 '과학이 우리 생활에 미치는 영향' 차시의 동기 유발 소재로 「옹고집전」을 활용하고 있었다. 「옹고집전」에서 옹고집 두 명이 나타나 서로 자기가 진짜라고 우기는 장면이 있는데, 만약 복제 인간이 태어난다면 어떻게 될지 토론해 보도록 하기 위해서였다.

이때 학생들에게 "만약 거짓말 탐지기 같은 첨단 장비가 있었다면 이 이야기는 어떻게 전개되었을까?" 아니면 "어떤 첨단 장비가 있으면, 또는 어떤 첨단 장비를 활용하면 이 문제를 해결할 수 있었을까?"라고 질문을 하고 토론을 진행하는 것은 어떨까.

이 단원은 현대 사회의 많은 측면과 관련하여 이를 다루는 유머 역시 많을 것이라 생각했다. 검색해 본 결과 몇 가지 흥미로운 책을 찾을 수 있었다. 첫 번째는 개그맨 이윤석 씨가 방대한 독서량과 개그맨으로 활동한 경험

을 담아 저술한 『웃음의 과학: 이윤석의 웃기지 않는 과학책』이다. 이 책에
서는 진화 생물학, 뇌 과학, 진화 심리학, 발달 심리학, 사회 심리학, 보건 의
학 등에서의 웃음에 관한 최근의 과학적 연구 성과들을 중심으로 웃음과 유
머의 본질을 밝히고자 했다. 다시 말해 진화, 발달, 뇌, 심리, 사회, 건강이라
는 여섯 개의 중심어를 바탕으로 인간의 어떤 생물학적 특성 및 심리적 특
성들이 웃음과 관련이 있는지, 인간의 탄생과 성장에서 웃음이 언제 어떻게
나타났고 어떤 역할을 하는지, 인간 뇌의 어떤 부분에서 어떤 과정을 거쳐
웃음이 발생하는지, 웃음이 인간의 사회성에 어떤 영향을 미치는지, 웃으면
왜 건강해지는지 등에 관해 탐구하고 있으며, 그 결과를 생동감 넘치는 이
야기로 전해 주고 있다.

웃음은 우리의 삶과 미래에서 중요한 역할을 차지한다. 그렇다면 이 책을
통해 학생들에게 웃음과 유머의 진정한 의미뿐 아니라 웃음의 주체이자 생
산자인 인간의 본성에 대하여 진지하게 생각해 볼 수 있는 기회를 주는 것
도 의미가 있을 것이다.

두 번째 책은 마크 에이브러햄스가 쓴 『이그노벨상 이야기: 천재와 바보
의 경계에 선 괴짜들의 노벨상』이다. 이그노벨상은 미국 하버드대학교 계열
의 과학 유머 잡지사 AIR(The Annals of Improbable Research)에서 과학에 대한
관심을 높이고자 1991년에 제정한 상이다. 이그(Ig)는 '있을 것 같지 않은
진짜(improbable genuine)'의 약자이고 이그노벨(Ig Nobel)은 '고귀한(noble)'의
반대말이다. 즉, 이 상은 노벨상을 받기에는 이상하지만 그 연구 성과만은
인정하는 재기발랄한 업적에 주는 상으로, 노벨상의 패러디 상이라 할 수

있다. 실제로 수학, 물리학, 화학, 생물학, 의학, 경제학, 심리학, 사회학, 문학, 환경 보호, 평화 등 여러 분야에서 기발하고 독특한 아이디어로 이색적인 연구 성과를 이루어 낸 사람들에게 이 상이 주어졌다.

예를 들어, 사람도 코끼리처럼 쉽고 편하고 빠르게 아기를 낳을 수는 없는지, 행성이 아닌 살아 있는 생물 내부에서도 핵융합이 일어나고 있는지, 사람이 먹는 항우울제를 먹으면 대합조개도 기분이 좋아지는지, 완벽한 홍차 한 잔을 끓이는 방법은 무엇인지, 에일 맥주와 마늘과 사워크림이 거머리의 식욕에 영향을 미치는지, 글래스고에서 잇달아 변기가 무너진 이유가 무엇인지, 속옷을 잘 만들어 방귀 냄새를 막을 수는 없는지 등을 연구한 사람들이 이 상을 받았다.

인간애, 유머, 창조성 등이 이 상의 키워드이며, 사람들은 이 책에 실린 재미있는 연구 업적 등을 보면서 마음껏 웃을 수 있다. 따라서 학생들에게도 이 책의 내용들을 소개하면 재미있어하지 않을까. 특히 수상자들의 기발한 호기심과 상상력, 이에 대한 답을 찾고자 하는 집념 등과 그 업적 등을 높게 평가하면서 말이다. 학생들에게 이그노벨상을 받을 만한 소재를 직접 생각하게 하는 것도 재미있을 것이다.

마지막으로 빈스 에버르트가 저술한 『네 이웃의 지식을 탐하라: 세상의 거의 모든 지식을 섭렵한 어느 탐식자의 인문학 수다』라는 책을 소개한다. 이 책에서 저자는 다음과 같이 과학이 우리 생활에 미치는 부정적인 영향과 관련된 사실을 유머 소재로 삼아 풍자함으로써 우리의 관심을 불러일으킨다.

"불과 300년 전만 해도 사람들은 우주에 대해 사실상 아무것도 몰랐지만 주변에 있는 기기에 대해서는 모르는 게 없었다. 오늘날에는 정반대다. 지금은 여행용 자명종에 예전 아폴로 11호 우주선보다 더 많은 전자제품이 들어 있다."

"매일 정보가 번개처럼 우리에게 내리친다. 텔레비전이 발명되기 전에는 아마 평생 알게 되는 사람이라야 다 해봤자 200명 남짓이었다. 오늘날에는 텔레비전으로 하룻저녁에도 그 정도 수의 사람과 접촉할 수 있다. <글래디에이터> 같은 영화는 제쳐 두더라도."

이와 반대로 저자는 과학에 대한 관심이나 올바른 과학적 태도의 필요성에 대해 가끔은 직설적으로, 때로는 재미있게 표현하기도 했다. 예를 들어, 로또에서 1등에 당첨될 확률은 벼락 맞아 죽을 확률보다 14배나 낮은데도 한 해에 수십 명씩 로또 당첨자가 나오는데, 왜 벼락 맞아 죽는 사람은 거의 없냐고 질문하는 식이다.

이 단원과 관련한 유머들은 다양한 웹사이트나 블로그 등에서도 많이 소개되어 있다. 컴퓨터 사용 방법이 미숙한 어떤 교수가 폴더 이름을 새 이름으로 저장하라는 안내 문구가 나오자, 진짜 새[鳥] 이름으로 지어서 저장했다는 유머는 널리 알려져 있다. 실제로 요즘에는 사용자가 폴더 이름을 직접 입력하지 않으면 '지빠귀' 같은 새 이름으로 저장되기도 한다.

과학이 우리 생활에 미치는 영향에 대해 학생 스스로 관련된 유머를 직접 찾아보거나 만들어 본 후 발표하는 활동을 진행한다면 학생들의 관심을 더 많이 얻을 수 있을 것이다.

그런데 과학 유머를 검색하면서 과학이 우리 생활에 미치는 긍정적인 측면보다 부정적인 측면이 더 강조되고 있다는 사실에 우려가 된다. 물론 과학자들의 이미지 또한 마찬가지다. 아마도 과학이나 과학자가 영화나 문학, 매스 미디어 등에서 그릇된 이미지로 그려지는 경우가 많고, 우리 생활에 기여한 사실을 간과하고 있기 때문인 것 같다. 따라서 학생들에게 이런 과학 유머들을 사용할 때에는 어느 한쪽에 치우치지 않고 균형 있게 접근하는 것이 바람직하다고 미리 말해 주어야 한다.

한편, 이 단원에서는 토론 수업을 권장하고 있다. 그런데 우리나라 사람들은 토론을 잘 못한다. 못해도 너~무 못한다. 토론을 하라고 하면 본인이 하고 싶은 말만 한다. 토론을 하라고 자리를 마련했더니 서로 인신공격이나 하고 쉬는 시간까지 계속 싸우는 학생들도 있는데, 이러면 나중에 취업하는 것도 어렵다고 알려 주자.

요즘은 면접에서 조별 토론을 하라는 경우가 많다. 토론은 하지 않고 자기 의견만 옳다고 우기다 보면, (어쩌면 죽을 때까지) 면접만 보러 다니게 될 수도 있다. 토론을 잘하려면 어떻게 해야 할까? 먼저 말을 잘하는 것보다 잘 듣는 것이 훨씬 중요하다. 유머도 잘 들어 주어야 한다. 유머의 99퍼센트는 '웃어 주는 데' 있다고 한다. 상대의 유머를 잘 듣고 잘 웃어 줘야 내 유머에도 상대가 웃어 줄 것이다.

말[言]과 말[馬]의 동음을 활용한 유머로 이를 설명할 수도 있다. 말[馬]은 토론하는 걸 좋아하지 않는다. 말이 싫어하는 사람의 유형이 몇 가지 있다.

말 꼬리 잡는 사람은 별로다. 말 허리 잡는 사람도 별로인데, 승마 묘기에는 그런 사람도 있다. 말을 이리저리 돌리는 사람이나 말 바꾸는 사람은 정치인이 될 자격을 갖추고 있지만, 말 더듬는 사람은 그것도 못한다. 마지막으로 말 머리 돌리는 사람하고는 얘기도 하지 마라.

토론은 싸우자고 하는 것이 아니므로 거친 표현이나 욕설 등을 사용해서는 안 된다는 점을 알려 주어야 한다. 상대방의 감정을 상하게 하면 논리적인 대화는커녕 자칫 싸움으로 번질 수도 있기 때문이다. 그렇다면 스스로 감정이 격앙될 때에는 어떻게 해야 할까? 입을 다물거나, 꼭 말을 해야 한다면 존댓말을 쓴다.

내(한재영)가 유머에 대해 연구하고 유머와 관련한 책을 쓴다고 하면 개나 소나 다 웃는다. 나처럼 '왕진지' 그 자체, 다른 사람의 유머도 잘 이해하지 못하는 사람이 유머라니! 그렇게 유머를 잘 못하니까 유머 공부를 하는 셈 치자.

책의 내용을 검토해 준 우리 집 아이들에게 고마움을 전한다. 아이들은 이 책에 넣어도 좋을 만한 아이디어를 주기도 했다. 문은 영어로 door인데 창문은 왜 window인지, 창문으로 바람이 들어와서 wind+door라고 생각 했단다.

책을 쓰면서 나 자신이 조금 변한 게 가장 큰 선물인 듯하다. 이건 누구에 게 감사해야 할까. 유머를 모으고 관련한 책을 읽을 때는 웃을 일을 더 많이 만들려고 했다. 유머 발전소 대표 최규상(2009)은 그렇게 '유머 삼척동자'가 되라고 한다. 누가 유머를 하면 '모르는 척, 재미있는 척, 뒤집어지는 척'하라는 거다. 유머가 웃긴 것은 내가 웃고 상대가 웃어 주기 때문이다.

뚝딱이 아빠 김종석은 "유머 잘하는 사람이란 유머집을 많이 읽어서 유머 기술을 익힌 사람이 아니라, 감동적이고 행복한 삶 속에서 낙관적인 태도를 가진 사람이다"라고 했다. 이처럼 수업 시간에 유머를 잘 사용하는 것은 어떤 기술이나 교수 기법을 익혀서 완성되는 것은 아닌 것 같다. 그보다 교사나 학생의 사고방식이나 삶의 방식이 긍정적이고 낙관적인 형태로 변해 가야만 재미있는 유머가 넘치는 수업으로 완성되는 것 같다.

유머에 대한 책을 썼다고 해서 내가 재미있게 살고 있는 것은 절대 아니다. 그런 점에서 난 유머 책 저자로는 아직 멀었다. 단지 아직은 낙관적인 사람이 아니지만, 이 책을 쓰면서 그렇게 되려고 시작한 셈은 된다.

일단 죽겠다거나 최악이라는 말을 하지 말자.

KBS2 TV의 〈개그콘서트〉처럼, '죽겠다'는 표현만 하면 저승사자가 나타난다고 생각하자.

"요즘 수업 분위기가 최고로 좋아요. 중간고사 끝나고 5월에 쉬는 날도 많으니 학생들이 들떠서 많이 떠들기는 하지만요, 호호호."

짜증이 나도 웃으면서 좋다고 해 보자.

유머를 사용하면 지루한 수업도 재미있고 선생님과 학생 사이도 원만해진다. 그러면 학생이 선생님을 좋아하게 되고, 공부도 열심히 하게 되는 연쇄적인 효과가 나타날 것이다. 그러니 유머의 감각을 잘 잡고 살아가는 선생님이 되어 보자!

감

감히 수업 시간에 떠드느냐!

했더니 한 학생이 답했습니다.

감이 어찌 떠들겠습니까? 선생님!

감은 떠들지 않지요.
떫을 뿐이지요.

감은 떨어질 뿐이지요~
감은 조금 들떨어져야 좋습니다.

감이 떨어지면 곤란하지요,
특히 홍시감은 난처합니다. zz
그러니 감을 잘 잡고 살아야지요^^*

(진주 제일중학교 수석교사 김운화의 카카오스토리에서)

적절하게 유머를 활용하여 수업을 마친 뒤에 학생들의 창의력 증진 검사를 해 보는 것도 좋을 듯하다. 임의의 두 집단을 골라서 한 집단에는 유머를 활용해 수업을 하고, 다른 집단에는 일반적인 강의식 수업을 한 후 창의력 테스트를 해 보는 건 어떨까. 또는 수업 시작 전과 끝난 후에 하는 방법도 있다. 두 집단은 가르치는 교사나 학교가 달라도 된다. 비교 집단에서는 창의력 향상이 눈에 띄지 않는데 실험 집단에서는 유의미한 결과가 나온다면……. 비교 집단과 실험 집단이 많을수록 의미 있는 연구가 되지 않을까.

유머 책을 보면서 크게 감동받은 이야기가 있다. 어떤 남자 이야기다. 그 남자는 예순 살인데 여든네 살 어머니와 전화를 하며 계속 웃더란다. 하하하하하~ 부모님 건강을 위해 매일 전화를 해서 웃어 드린다고. 이쁜 어머니, 멋진 아버지라고 하면 정말 좋아하신다고…….

이 책을 진행하면서 나는 작은 실천을 했다.

나: 과학 시간에 할 만한 재미있는 얘기나 유머를 모아서 책을 내려고 해요.

어머니: 누가?

나: 저하고 다른 교수들이요.

어머니: 말주변도 없는 사람이 어떻게 그런 책을 내나?

나: (빠직!) 하하하, 책에도 그렇게 썼어요. 내가 유머 책을 쓴다고 하면 다들 웃는다고.

어머니: 호호~~.

권윤주·손영운, 『꼬물꼬물 과학 이야기』, 뜨인돌어린이(서울), 2005

김종석, 『삶을 역전시키는 창의성 유머』, 모아북스(고양), 2011

도니 탬블린 지음, 윤영삼 옮김, 『HaHaHa 유머교수법』, 다산북스(파주), 2006

마쓰오 바쇼 지음, 유옥희 옮김, 『마쓰오 바쇼의 하이쿠』 세계시인선 53, 민음사(서울), 2013

마크 에이브러햄스 지음, 이은진 옮김, 『이그노벨상 이야기: 천재와 바보의 경계에 선 괴짜들
　　의 노벨상』, 살림출판사(파주), 2010

빈스 에버르트 지음, 조경수 옮김, 『네 이웃의 지식을 탐하라: 세상의 거의 모든 지식을 섭렵한
　　어느 탐식자의 인문학 수다』, 이순(파주), 2009

이윤석, 『웃음의 과학: 이윤석의 웃기지 않는 과학책』, 사이언스북스(서울), 2011

장샤오헝 지음, 최인애 옮김, 『느리게 더 느리게』 다연(파주), 2011

최규상, 『끌리는 사람의 유머 스타일』, 토네이도미디어그룹(서울), 2009

최규상, 『3분 만에 행복해지는 유머 긍정력』, 작은씨앗(서울), 2011

최충희 편저, 『고바야시 잇사 하이쿠선집: 밤에 핀 벚꽃』 문화의 창 10, 태학사(파주), 2008

김운화, 진주 제일중학교 수석교사(현재 마산서중 근무) 김운화의 카카오스토리, 2014

학문과 대중, 인문과 과학의
소통을 꿈꾸는

 지성사의 책

평범함 속의
새로운 과학읽기

01 안데르센 사이언스

과학 선생님들이 들려주는 안데르센
동화 속에 숨어 있는 과학 이야기!
안데르센의 환상적인 동화 가운데 14
편을 엄선해 동화 속 상상력을 '과학'의
눈으로 다시 풀어 썼다. 과학 교육 전
문가들이 직접 집필하였으며, 풍부한
삽화와 더불어 재미있는 팁 정보들이
실려 있다.

김경호, 김윤택, 전영석 지음/ 변형 사륙배판/ 240쪽/ 14,800원
미래기술과학부 선정 우수과학도서

02 남극은 왜?

잘못 알려져 있거나 미처 알지 못한
남극에 관한 오해와 진실 119가지!
묻고 답하는 형식으로 꾸민 남극에 관
한 해설서이다. 세종기지 월동대 대장
으로 남극에서 네 번이나 겨울을 보냈
으며, 오랫동안 극지를 연구해 온 '남
극박사' 장순근 선생님이 남극의 자연
과 생물, 그곳에 사는 사람과 환경 등
남극에 관한 모든 궁금증을 해결해 준다.

장순근 지음/ 신국판/ 231쪽/ 17,000원

03 들풀에서 줍는 과학

우리나라 생태학의 터전을 마련하고
특히 식물생리 생태학을 발전시킨 생
태학자 김준민 선생이 우리가 알고 있
는 식물에 대한 오해를 바로잡아 주고
식물이 주위 환경에 적응하며 생존하
는 모양새를 알기 쉽게 설명해 준다.

김준민 지음/ 변형 신국판/ 302쪽/ 18,000원
미래기술과학부 선정 우수과학도서 | 올해의
청소년도서 | 한국간행물윤리위원회 청소년 권장도서 | 문화체육관광부
선정 우수학술도서 | 대한민국 과학문화상 | 바른사회시민회의 제6회 독후
감 공모대회 선정 도서

04 바다는 왜?

청소년들에게 바다가 품고 있는 61가
지 사연들을 흥미롭게 들려주는 바다
입문서!
'바다'에 대해 가질 수 있는 여러 가지
의문들을 해결해 줄 뿐만 아니라, 주
변에서 흔히 접할 수 없는 바다 밑에
가라앉은 보물선, 이것들을 찾아 헤

매는 보물사냥꾼, 바다 속에서 벌어
지는 치열한 첩보전 등 흥미로운 일화들이 풍부하게 실려
있다.

장순근·김웅서 지음/ 변형 신국판/ 160쪽/ 9,000원
미래기술과학부 선정 우수과학도서 | 서울시교육청 선정 추천도서(중학교
1학년 | 2001년 새누리 교재 선택 | 한국독서능력검정시험 대상도서(6급)

05 생물의 죽살이

생물의 삶과 죽음을 가까이서 들여다
본 느낌을 수필 식으로 풀어 쓴 글!
발밑의 풀 한 포기나 돌 틈의 한 마리
벌레가 우연히 그곳에 나서 살고 있
는 게 아니라 그곳에 있는 필연적인
사연이 있다. 일반인들에게 알려지지
않은 생물들의 살아가는 모습을 알기
쉽게 엮어 편안하고 자연스럽게 생물
의 세계로 안내한다.

권오길 지음/ 변형 국판/ 256쪽/ 12,000원
한국과학문화재단 추천도서

06 인체기행

우리는 우리의 몸에 대해 얼마나 알
고 있을까? 눈, 코, 입에서 출발한 인
체 탐방은 이내 우리 몸 속 구석구석
을 방문하며 궁금증을 풀어 준다. 마
음의 본체는 심장일까 뇌일까, 사람
은 언제부터 늙기 시작할까, 문신은
왜 지워지지 않을까 등 인체에 관한
궁금증이 가지런히 담겨 있다.

권오길 지음/ 신국판/ 344쪽/ 11,000원
서울시교육청 추천도서(중학교 2학년) | 전국독서새물결모임 선정 추천도서

〉〉〉

생물,
그들에 대한 이해

01 특징으로 보는 한반도 민물고기

수많은 물고기들을 어떻게 구분하고, 그 습성과 특징은 어떻게 다를까? 궁금증이 많아도 그 정보를 찾으려면 막막하다. 이 책은 한반도에 서식하는 민물고기의 특징을 꼽아 어류에 대한 전문지식이 없는 독자들이 쉽게 찾아 볼 수 있도록 꾸민 원색도감이다. 총 133종 1100여 컷이 넘는 생생한 사진들이 실려 있다.

이완옥·노세윤 글, 노세윤 사진/ 변형 사륙판/ 432쪽/ 40,000원
미래기술과학부 선정 우수과학도서 | 환경부 우수 환경도서

02 사계절 우리 숲에서 만나는 곤충

우리 숲에서 먹고, 짝짓고, 산란하는 곤충 삶의 현장 속으로!
사계절이 뚜렷한 우리나라에 무려 1만 6천여 종의 곤충이 살고 있다. 비록 열대몬순 지역의 곤충보다 크기가 작고 색도 화려하지 않지만 다양성 면에서는 단연 앞선다. 그 많은 곤충들이 계절에 따라 숲에 나타나 온 힘을 다해 먹이 전쟁과 짝짓기, 그리고 산란이라는 일대사를 치르는 과정이 생생하게 펼쳐진다.

정부희 지음/ 변형 크라운판/ 336쪽/ 30,000원
올해의 청소년 교양도서

03 형태로 찾아보는 우리 새 도감

이 책의 구성과 활용 방법을 알면 이 땅의 새가 보인다!
10여 년 넘게 새를 관찰하고 기록해 온 노력의 결실이며, 보다 쉽고 정확하게 찾아볼 수 있는 새로운 형식의 도감이다. 식별 가능한 동정 포인트 등 알찬 내용으로 자연에서 새를 조금이라도 더 쉽게 구별할 수 있게 구성했다.

김남일, 김대환, 박운남, 박지환, 박헌우, 정진문, 최순규 지음/ 변형 신국판/ 640쪽/ 58,000원

04 와! 거미다

새벽들 아저씨와 떠나는 7일 동안의 거미 관찰 여행!
우리 곁에 살고 있는 거미들의 생생한 화보집이자 다큐멘터리라 할 수 있다. 우리나라에 살고 있는 거미 가운데 182종 거미의 생생한 모습이 실려

있다. 우리 곁에서 살아가는 거미들이 얼마나 많고 다양한지 직접 보고 느끼기에 더할 나위 없는 자료다.

손윤한 지음/ 국배판/ 152쪽/ 23,000원
한국출판문화산업진흥원 선정 우수출판콘텐츠

05 신갈나무 투쟁기

이웃식물, 곤충과 부대끼며 햇빛, 물을 얻기 위해 싸우는 신갈나무의 고단한 삶 이야기!
신갈나무의 일대기를 소설 형식으로 쓴 자연과학계의 스테디셀러이다. 우리나라 숲의 주인공으로 자리 잡아가고 있는 신갈나무의 탄생과 성장, 그리고 죽음에 이르기까지 나무의 일대기를 바탕으로 식물 간의 치열한 생존 경쟁 현장을 생동감 있게 묘사한다.

차윤정, 전승훈 지음/ 변형 신국판/ 304쪽/ 16,800원
미래기술과학부 선정 우수과학도서 | 책따세(책으로 따뜻한 세상 만드는 교사들) 선정 청소년 권장도서 | 한국독서능력검정시험 대상도서(6급) | 어린이도서연구회 어린이 권장도서 | 한국간행물윤리위원회 선정 이달의 읽을 만한 책

06 뱀

백남극, 심재한 지음/ 국판/ 200쪽/ 15,000원
미래기술과학부 선정 우수과학도서 | 아침독서 추천도서

07 상어

최윤 지음/ 국판/ 200쪽/ 15,000원
어린이도서관연구소 아침독서용 추천도서

08 박쥐

손성원 글, 최병진 사진/ 국판/ 168쪽/ 15,000원
미래기술과학부 선정 우수과학도서 | 아침독서 추천도서

09 금강의 민물고기

손영목, 송호복 지음/ 변형 신국판/ 239쪽/ 25,000원
미래기술과학부 선정 우수과학도서 | 환경부 선정 우수환경도서

10 생명 곁에서 거닐다, 곤충

김태균 지음/ 변형 사륙배판/ 232쪽/ 25,000원
미래기술과학부 선정 우수과학도서

11 생명 곁에서 거닐다, 새

김태균 지음/ 변형 사륙배판/ 272쪽/ 25,000원
환경부 선정 우수환경도서

12 망둑어

최윤 지음/ 변형 신국판/ 160쪽/ 16,000원

13 버섯살이 곤충의 사생활

정부희 지음/ 변형 크라운판/ 323쪽/ 30,000원
책따세 겨울방학 권장도서 | 청소년 권장도서 선정

습지,
그 소중함에 대한 기록

01 우포늪 _ 원시의 자연습지, 그 생태 보고서

우포늪에서 숨 쉬는 다양한 생물들, 그리고 그들과 더불어 살아가는 사람들의 이야기를 담았다. 우리나라에서 가장 크고 오래된 자연습지 우포늪을 통해서 자연과 인간이 공존하는 방법과 늪의 비밀스러운 모습을 엿볼 수 있다.

글 강병국, 사진 성낙송/ 변형 사륙배판/
152쪽/ 12,000원
미래기술과학부 선정 우수과학도서 | 어린이도서연구회 권장도서 | 환경
부 선정 우수환경도서

02 한국의 늪 _생명의 땅, 습지를 찾아서

말없이 생겨나고 사라지면서 인류에게 생태와 환경의 메시지를 전하는 습지에 대한 생태 보고서다. 우리나라 내륙 습지와 연안 습지 76곳을 총망라했으며 습지의 생명력과 가치를 밀도 있게 조명했다.

글 강병국, 사진 최종수/ 변형 사륙배판/
208쪽/ 15,000원
문화체육관광부 선정 우수교양도서 | 환경부 선정 우수환경도서

03 주남저수지 _동양 최대의 철새 도래지, 그 생태 보고서

동양 최대의 내륙 철새 도래지로 새들의 위대한 비상을 한

눈에 볼 수 있다. 180만 평에 이르는 드넓은 습지에 기대어 사는 수많은 생명체들을 생생한 다큐멘터리 형식으로 기록했다.

글 강병국, 사진 최종수/ 변형 사륙배판/
168쪽/ 15,000원
환경부 선정 우수환경도서

04 낙동강 하구 _ 생명의 젖줄, 그 야생의 세계

하구의 생성과 흐름, 수만 년 세월이 빚은 모래섬과 갯가 식물, 곤충, 어패류와 파충류까지 생태 관광지로 무한한 가능성을 지닌 낙동강 하구의 모든 것을 담았다. 청소년들의 생태학습에 꼭 필요한 자료다.

글 강병국, 사진 최종수/ 변형 사륙배판/
168쪽/ 15,000원
환경부 선정 우수환경도서 | 아침독서 추천도서

05 순천만 _ 하늘이 내린 선물

순천만에서 살아 숨 쉬는 귀한 생명들의 모습과 그 안에서 펼쳐지는 다양한 삶의 기록이다.
대한민국 제1호 순천만 국가정원을 품고 있는 순천만, 오직 자연만이 빚어낼 수 있는 풍요롭고 건강한 순천만에서 생생하게 살아 숨 쉬는 원시 생명의 기운을 오롯이 느낄 수 있다.

글 강병국, 사진 최종수/ 변형 사륙배판/ 200쪽/ 19,000원
세종도서 교양부문 선정

생태 관찰의
미학

01 동고비와 함께한 80일

사랑의 참모습을 온몸으로 보여주는 동고비의 온전한 자식 사랑!
딱따구리 둥지로 찾아든 동고비 가족과 함께한 생명의 경이로움이 묻어나는 80일간의 동행 일기이다. 저자가 직접 찍은 300컷이 넘는 생생한 사진

은 마치 눈앞에서 동고비의 번식 과정을 지켜보는 듯한 착각에 빠져들게 한다.

김성호 지음/ 변형 사륙배판/ 288쪽/ 28,000원
미래기술과학부 선정 우수과학도서 | 환경부 선정 우수환경도서 | 올해의
청소년 추천도서 | 책따세(따뜻한 세상을 만드는 교사들) 선정 청소년 권장
도서 | 아침독서 추천도서

02·까막딱따구리 숲

은사시나무 숲에서 벌어지는 때로는
치열하고 때로는 눈물겨운 새들의 생
명 이야기!
까막딱따구리와 2년 동안의 만남을
기록한 번식 생태 관찰일기이자 그 숲
에 깃들인 다양한 새들의 치열한 한살
이를 보여 주는 자연 다큐멘터리이다.
그 어디에서도 볼 수 없는 자연의 속살
을 엿보는 느낌을 안겨 준다.

김성호 지음/ 변형 사륙배판/ 288쪽/ 30,000원
문화체육관광부 선정 우수교양도서

03 천년의 기다림 참매 순간을 날다

예리하고 카리스마 넘치는 참매에 매
료되어 오랜 기다림 끝에 포착한 8초
의 순간!
8년이란 긴 시간 동안 여름이면 숲 속
에서 둥지 앞을 지키고, 겨울이면 허허
벌판 사냥터에서 참매만을 좇아 참매
의 생태와 사냥 습성에 대한 기록과 사
진을 담은 역작이다.

박웅 지음/ 변형 사륙배판/ 348쪽/ 30,000원
환경부 선정 우수환경도서

04 참수리, 한강에서 사냥하다

수도 서울을 가로지르는 한강과 최상
위 맹금류 참수리와의 극적인 조합!
월동지로 한강 팔당지구를 찾아든 참
수리를 4년 동안 관찰하면서 좇고 좇
기는 치열한 생존의 순간에 위용 넘치
는 한강의 사냥꾼 참수리들의 습성과
생태를 생생하게 기록했다.

박지택 지음/ 변형 사륙배판/ 238쪽/ 19,000원
한국출판문화산업진흥원 선정 우수출판콘텐츠

05 개구리, 도롱뇽 그리고 뱀 일기

수원청개구리, 멸종위기종 금개구리
의 짝짓기 장면, 강원도의 석회암 동굴
에서 만난 꼬리치레도롱뇽 알, 그리고
대한민국 최초로 이끼도롱뇽 알에 이
르기까지 고등학교 교사인 저자가 양
서·파충류의 귀중한 생태가 담긴 관찰
기록 사진들에는 벅찬 순간과 함께 관
찰의 즐거움이 녹아 있다.

문광연 지음/ 변형 신국판/ 280쪽/ 18,000원
아침독서 추천도서/ 학교도서관저널 추천도서 선정

■ 느끼며 배우는 과학

01 페트병 속의 생물학

생태계와 환경을 스스로 깨치는 생물학 실험 안내서!
버려진 페트병이나 필름 통을 멋진 실험 도구로 바꿔 생물
세계의 궁금증을 풀어 나가는 과정을 담았다. 아이디어가
기발하고 환경 교육 효과도 높은 이 책은 '손으로 눈으로 코
로 입으로 그리고 마음으로' 과학을 경험하는 소중한 기회
이며, 자신만의 생물학 지식을 갖출 수 있는 교과서이다.

엠릴 잉그램 지음, 김승태 옮김/ 국배판/ 128쪽/ 10,000원
간행물윤리위원회 제56차 청소년권장도서 선정

02 생태 세밀화 쉽게 그리기

손끝으로 자연을 느끼는 생태 세밀화의 모든 것!
선으로 쉽게 스케치하는 방법부터 시작하여 관찰일기를 쓰
기에 적합한 간단한 세밀화 그리기, 조금 더 수준 높은 색연
필 세밀화 그리기까지 단계별로 구성했다. 특히 세밀화 그리
기에 필수적인 구도 잡는 방법과 줄기와 잎, 꽃의 구조에 대
한 설명을 곁들여 식물에 좀 더 쉽게 접근할 수 있게 했다.

한국식물원수목원협회 세밀화위원회 지음/ 신국판/ 88쪽/ 12,000원

03 과학으로 만드는 배

과학의 바다에 배를 띄우고 미지의 세계를 항해하다!
배에는 어떤 과학적 원리들이 숨어 있을까? 갑판을 살짝 들
춰내면 무수한 암호 덩어리인 배가 품고 있는 비밀의 열쇠
가 하나씩 드러난다. 그 실마리는 바로 물. 물을 가해치는
순간 배에 관한 모든 과학이 수면 위로 떠오른다. 물을 통해
배를 이해하고, 배를 통해 미래를 꿈꾸면서 상상을 현실화
하는 과정이 담겨 있다.

유병용 지음/ 변형 사륙배판/ 264쪽/ 14,900원
**교보문고·네이버 선정-올해의 과학책 20선 | 미래기술과학부 선정 우수과
학도서 | 한국간행물윤리위원회 선정 이달의 읽을 만한 책 | 대한출판문화
협회 선정 올해의 청소년도서 | 책읽는교육사회실천회의 선정 '2006 좋은
청소년책'**

04 플랑크톤도 궁금해하는 바다상식

지구상에서 가장 큰 생태계이자 인류
의 운명을 좌우지할 에너지와 자원
의 보고 바다!
예고 없는 지진이 발생하더니 쓰나미
가 밀려오고, 지구온난화라더니 폭설
과 한파가 기승을 부린다. 흔들리는 지
구촌, 갈수록 심화되는 기상 이변의 중
심에는 언제나 '바다'가 있다.
이 책은 위기에 직면한 인류가 바다를 제대로 이해하고 활
용하기 위해 반드시 알아야 할 과학 상식과 사회 이슈를 엄
선해 담았다. 미래 환경문제의 대안은 어쩌면 바다에서 찾
을 수 있을지도 모른다.

김웅서 지음/ 변형 신국판/ 260쪽/ 18,000원
우수과학도서 | 제16회 대한민국 독서토론, 논술대회 지정도서 선정

가볍게, 정말 가볍게
과학 책을 들고 싶을 때

★ 미래를 꿈꾸는 해양문고 시리즈

가볍게 과학에 흥미를
붙이고 싶을 때

★ 과학으로 보는 바다 시리즈

우리말을 통해
과학에 호기심을 가지다

01 달팽이 더듬이 위에서 티격태격, 와우각상쟁

우리말 속담, 고사성어, 관용구에 깃든 재미있는 첫 번째 생물 이야기!
"시치미 떼다"라는 말에 '시치미'는 무엇을 의미할까? 상황이 변해도 여전히 값어치 있는 것을 왜 "썩어도 준치"라고 하고, 염치없는 사람을 비꼬아 "빈대도 낯짝이 있다"라고 표현할까? 우리말에 등장하는 생물의 특성은 물론, 어떻게 생겨난 말인지 저절로 깨치게 된다.

권오길 지음/ 사륙판/ 284쪽/ 14,500원
미래기술과학부 선정 우수과학도서 | 국립중앙도서관 사서추천도서 |
올해의 청소년도서 | 아침독서 추천도서

02 소라는 까먹어도 한 바구니, 안 까먹어도 한 바구니

우리말 속담, 고사성어, 관용구에 깃든 재미있는 두 번째 생물 이야기!
미꾸라지도 천 년이 지나면 정말 용이 될 수 있을까? 왜 쉴 새 없이 나불거리는 사람을 촉새 같다고 할까? 원앙은 정말 일편단심인 새인지, 돼지 위장을 왜 오소리감투라고 부르는지 등 생물의 특성을 자세히 설명한다.

권오길 지음/ 사륙판/ 288쪽/ 14,500원
미래기술과학부 선정 우수과학도서 | 아침독서 추천도서

03 고슴도치도 제 새끼는 함함하다 한다지?

우리말 속담, 고사성어, 관용구에 깃든 재미있는 세 번째 생물 이야기!
왜 재주가 뛰어난 사람을 '기린아'라고 할까? 닭 잡아먹고 오리발 내민다고? 우리말과 그 속에 담긴 생물들의 연관 관계를 풍부한 과학 지식과 더불어 저자의 생생한 경험까지 녹아내어 재미있고 알기 쉽게 설명한다.

권오길 지음/ 사륙판/ 288쪽/ 14,500원
미래기술과학부 선정 우수과학도서 | 이달의 읽을 만한 책

04 명태가 노가리를 까니, 북어야 동태냐

우리말 속담, 고사성어, 관용구에 깃든 재미있는 네 번째 생물 이야기!
"아닌 밤중에 홍두깨" "족제비도 낯짝이 있다" "뱁이 꼴리다"라는 표현은 어떻게 생겨난 말일까? 왜 뇌세포에 좋은 달고 맛있는 "엿 먹어라"가 욕이 되었을까? 이렇듯 생물에 빗대어 재미있게 표현한 속담을 살펴보면 지금 우리가 사는 환경이 어떻게 변화했는지 새삼 느낄 수 있다.

권오길 지음/ 사륙판/ 288쪽/ 14,500원
아침독서 추천도서

05 소나무가 무성하니 잣나무도 어우렁더우렁

우리말 속담, 고사성어, 관용구에 깃든 재미있는 다섯 번째 생물 이야기!
"매화를 보다"라는 속담이 '똥을 누다'가 되는 이유를 옛 궁중의 화법에서 찾아보고, "메밀도 굴러가다가 서는 모가 있다"는 속담을 통해 우리가 흔히 먹는 메밀이 세모 모양이라는 상식을 일러주기도 한다.

권오길 지음/ 사륙판/ 284쪽/ 14,500원
아침독서 추천도서

06 눈 내리면 대구요, 비 내리면 청어란다

우리말 속담, 고사성어, 관용구에 깃든 재미있는 여섯 번째 생물 이야기!
"터진 꽈리 보듯 한다"란 사람이나 물건을 아주 쓸데없는 것으로 여겨 중요시하지 않는 것을 비꼬는 말이다. 이처럼 우리의 삶과 말, 자연은 따로 떨어져 있지 않고 한데 묶여 있으니, 어쩌면 저자가 끊임없이 강조하는 뭇 생명들의 공생도 이와 크게 다르지 않겠다.

권오길 지음/ 사륙판/ 296쪽/ 14,500원
아침독서 추천도서